景观中的假山设计及施工经典案例

——杨舜假山创作精品图集

杨舜　等著

东南大学出版社
SOUTHEAST UNIVERSITY PRESS

图书在版编目（CIP）数据

景观中的假山设计及施工经典案例：杨舜假山创作精品图集 / 杨舜等著 . — 南京：东南大学出版社，2022.12
ISBN 978-7-5766-0570-9

Ⅰ. ①景… Ⅱ. ①杨… Ⅲ. ①叠石 – 园林艺术 – 中国 – 图集 Ⅳ. ① TU986.4-64

中国版本图书馆 CIP 数据核字（2022）第 242889 号

责任编辑：陈　跃　　封面设计：顾晓阳　　责任印制：周荣虎

景观中的假山设计及施工经典案例——杨舜假山创作精品图集

著　　者：杨　舜　曹　斌　李晓军　臧　宁　蔡键坤
出版发行：东南大学出版社
社　　址：南京市四牌楼 2 号　邮　　编：210096　电　　话：025-83793330
网　　址：http://www.seupress.com
电子邮件：press@seupress.com
经　　销：全国各地新华书店
印　　刷：合肥精艺印刷有限公司
开　　本：787 mm × 1092 mm　1/12
印　　张：20
字　　数：609千
版　　次：2022年12月第 1 版
印　　次：2022年12月第 1 次印刷
书　　号：ISBN 978-7-5766-0570-9
定　　价：260.00元

《景观中的假山设计及施工经典案例——杨舜假山创作精品图集》编委

杨　舜　　曹　斌　　李晓军

臧　宁　　蔡键坤

资料整理：蔡键坤

摄　　影：蔡键坤

杨舜简介

杨舜（1958 年 7 月—2021 年 12 月 8 日），在南京读完小学，1969 年随父母全家下放淮安洪泽县农村，1975 年高中毕业后在洪泽县赵集大队务农三年，1980 年考取金陵职业大学园林专业，本科学习四年，后取得金陵职业大学毕业证书及南京林业大学学位证书，1984 年 8 月加入南京园林局工作。1986 年加入中国共产党。2018 年 8 月退休。2021 年 12 月 8 日 21 时，因病医治无效在南京逝世，享年 63 岁。

杨舜先后担任南京园林局技术员、南京市园林建设总公司总经理、南京园林实业总公司副总经理、南京市园林经济开发总公司副总经理、南京市园林工程管理处副处长，并曾兼任南京园林工程行业管理协会会长、江苏风景园林协会工程专业委员会主任等职务。

杨舜同志从事园林绿化工作近四十载，潜心钻研园林绿化工程建设行业理论、管理创新和技术攻关，在园林工程的实践工作中兢兢业业，以认真的态度做好每一个工程项目。在多年园林实践工作中，他逐渐地把握了中国传统园林的假山景观工程“精髓”和文化欣赏的“道理”，成为全国著名的假山叠造专家。主持并参与了南京总统府东花园假山、瞻园北扩叠石假山、胡家花园假山、青奥村叠石水景、江苏省园博园南京园土石假山等几十项不同类型的假山设计和施工，并作为主要编制人员参加编制了我省首部园林绿化工程建设施工验收标准《园林绿化工程施工及验收规范》，主编了我省首部假山专业工程建设标准《假山造景工程技术规程》，填补了行业领域的空白，并先后获得全国建设系统劳动模范、首届中国绿化博览会先进个人、全省建设工程质量安全监管先进个人、南京市劳动模范、南京市“最美园林人”等多项荣誉称号。

前言

叠石掇山在园林中又称假山，是中国传统园林中的重要内容，现代风景园林中也广泛运用。园林中按山体类型可分为“石山”和“土山”，而假山往往泛指由各类景石（如太湖石、黄石、千层石、英德石等等）叠筑而成的石山。按叠石手法及风格又有以江南地区为代表的“南派”和以北京地区为代表的“北派”。南京历史上为江南地区园林数量较多的地区之一，明代造园家计成就曾在南京为阮大成筑“石巢园”。随着历史的变迁，朝代的更迭，时至今日南京能拿出手的传统园林也就瞻园、总统府、莫愁湖、白鹭洲等少数几个。从事叠石掇山的大师、工匠更是缺乏或屈指可数，更谈不上什么“金陵派”了。作为科班出身的杨舜同志一生献给园林事业，尤在叠石掇山上见长，为传承南京的假山技艺，培养“假山队伍”做出了杰出贡献。本书中录入的作品，有庭院、公园、滨水等各类场景，可以看出南京的叠石掇山以顺应自然、模拟自然为方向，强调与环境的协调性，在江南园林中属以浑厚“实在”为特色。通过本书我们不仅可以欣赏杨舜同志的精湛作品，也看到了南京在叠石掇山上的精品成果。

2022 年 12 月 9 日

目录

第一部分

1 湖石景观案例篇

1. 南京总统府（东花园）

▲ 总统府东花园前庭院

惠洽兩江

南京总统府

南京总统府位于南京市玄武区长江路292号，是中国近代重要的历史遗迹，是中国近代建筑遗存中规模最大、保存最完整的建筑群，也是南京民国建筑的主要代表之一。南京总统府自近代以来，多次成为中国政治军事的中枢、重大事件的策源地，中国一系列重大事件或在这里发生，或与这里密切相关，许多重要人物都在此活动过。南京总统府至今已有600多年的历史，可追溯到明初的归德侯府和汉王府；清代被辟为江宁织造署、两江总督署等，康熙、乾隆南巡均以此为行宫；太平天国定都天京后，在此兴建规模宏大的天王府；1912年1月1日，孙中山在此宣誓就职中华民国临时大总统，辟为大总统府，后为南京国民政府总统府。2004年被列为国家AAAA级旅游景区，全国文物保护单位。

2001年5月进行景观修缮与改造，形成“东花园”，其园内东花园及前庭院叠石假山由杨舜负责指导与施工，并结合东部环境进行整治。

▲ 南京总统府前庭院向南景观

▼ 南京总统府前庭院叠石速写对比

▼ **杨舜作品手稿**

▲ 东苑复园

2. 莫愁湖公园（南大门假山）

▲ 南大门假山主体正面

南京莫愁湖公园

莫愁湖公园位于南京市建邺区外秦淮河西侧，是南京主城区仅次于玄武湖的第二湖泊，有着“金陵第一名胜”的美称。

2003 年 9 月，对莫愁湖公园园区内景观进行提升改造，专家杨舜参与了莫愁湖公园南大门假山的设计与施工建设。南大门假山整体为湖石堆砌而成，本次提升后完善了假山整体形象，景观更优美，石峦南北面并重，峡谷、麓坡、曲弯、石桥，延展节点，步移景异。

叠石采用安、接、拼、悬、连、挑六式，进行搭配施工。南北假山具有气势磅礴的石景，湖石堆叠造景与周围建筑完美搭配，自然天成，是点缀环境的最佳选择。南门假山体现了湖石千姿百态、异彩纷呈、形态各异、色泽温润、纹理多变、玲珑剔透等特点，令人赏心悦目，给游赏者一种好似从土壤中生长出来的舒适自然之感。

▲ 南大门假山左入口

主峰面窄3~4m
说明
新旧石峰构塑立意境，造高山流水形态。
1. 现有石屋保留，改为通畅岩岫，东墙开通，南三面落地玻璃除去，西透窗变通道，加上原有进出口，共有四个通道。
2. 流水溪瀑体系，由南水池，北泵池，西悬池溪沟，中主峰双面瀑链铃潭，与东、曲脉溪沟五个部分组成，构溪涧意境，飞泉、涌泉、流泉，合唤山音，置雾喷，构山岚气息。
3. 视觉序列，石壶南北面并重、峡谷，麓坡，曲弯、石桥，延展节点，步移景异。
主峰面较宽5-6m
莫愁湖公园南大门假山提升改造示意

▲ 南大门入口手稿鸟瞰

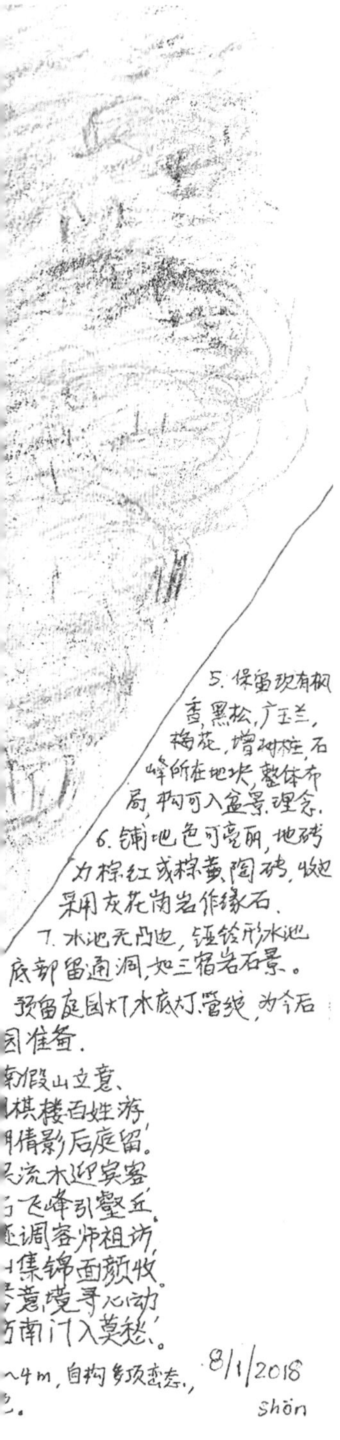

南假山立意

杨　舜

将相棋楼百姓游，临湖倩影后庭留。

悬泉流水迎宾客，竖石飞峰引壑丘。

旧迹调容师祖访，钟山集锦面颜收。

弦琴意境寻心动，牌坊南门入莫愁。

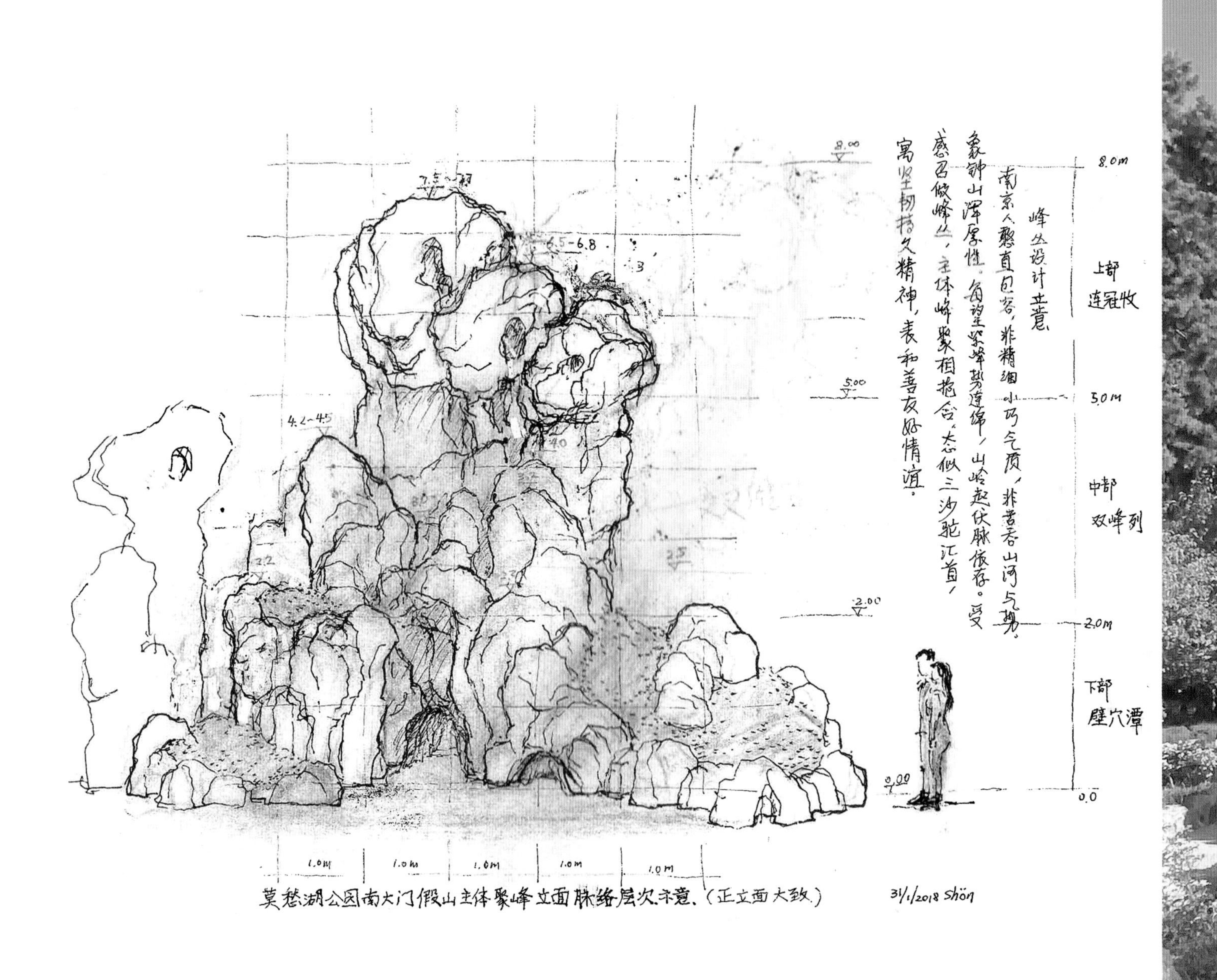

峰丛设计立意
南京人憨直包容，非精细小巧气质，非苦吞山河气势。
象钟山浑厚性。角望紫峰势连绵，山岭起伏脉依存。受
感召做峰丛，主体峰聚相抱合，“态似三沙驼汇首”，
寓坚韧持久精神，表和善友好情谊。
上部
连冠牧
中部
双峰列
下部
壁穴潭
8.0m
5.0m
2.0m
0.0
8.00
5.00
2.00
0.00
7.5~7.7
6.5~6.8
4.2~4.5
1.0m
莫愁湖公园南大门假山主体聚峰立面脉络层次示意、（正立面大致）
31/1/2018 Shön

▲ 主峰手稿对比

▲ 南大门假山主峰正面

▲ 南大门假山主体东立面

▼ 南大门假山正面

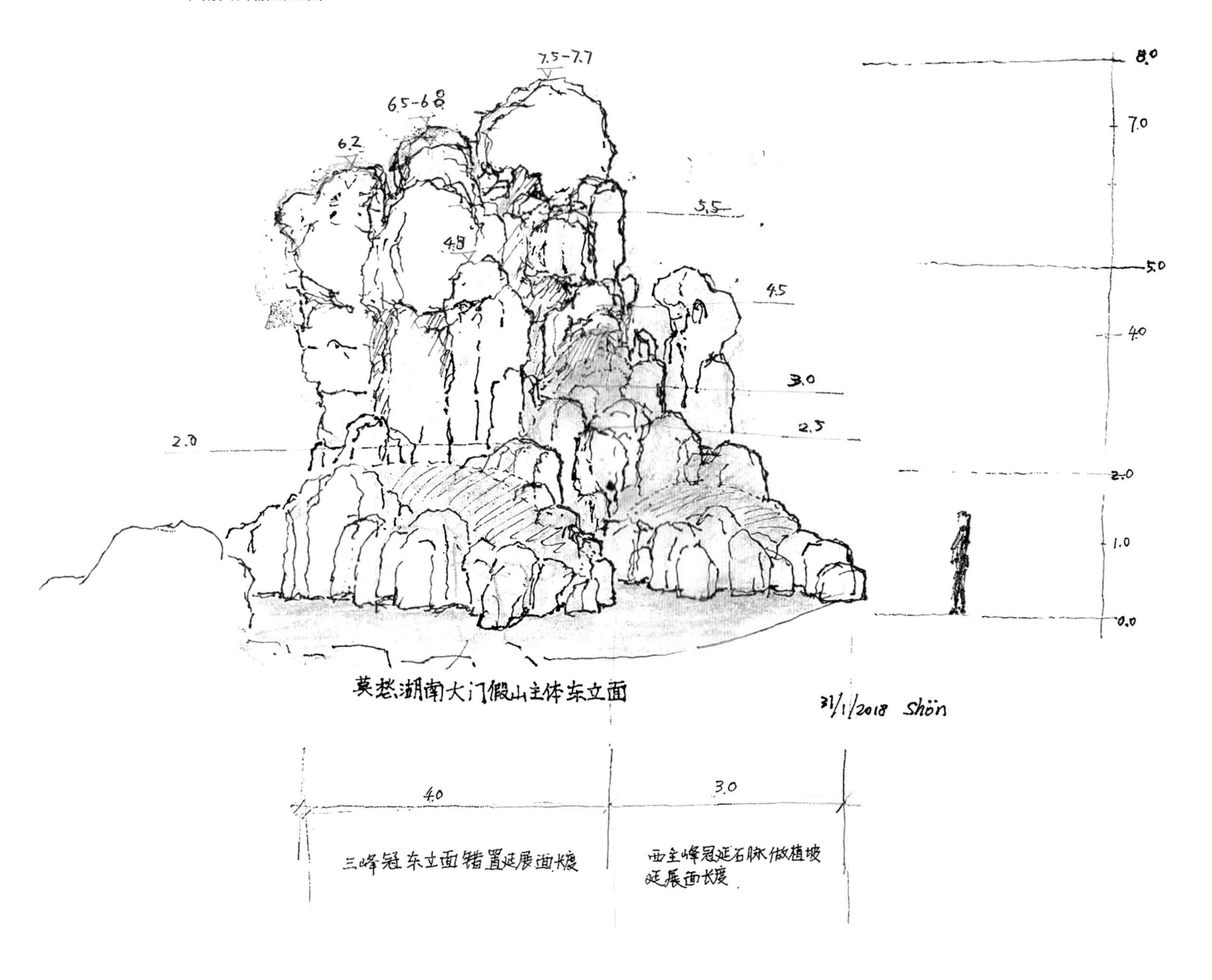
7.5-7.7
6.5-6.8
6.2
4.8
5.5
4.5
3.0
2.5
2.0
8.0
7.0
5.0
4.0
2.0
1.0
0.0
莫愁湖南大门假山主体东立面
31/1/2018 Shön
4.0
3.0
三峰冠东立面错置延展面长度
西主峰冠延石脉做植坡
延展面长度

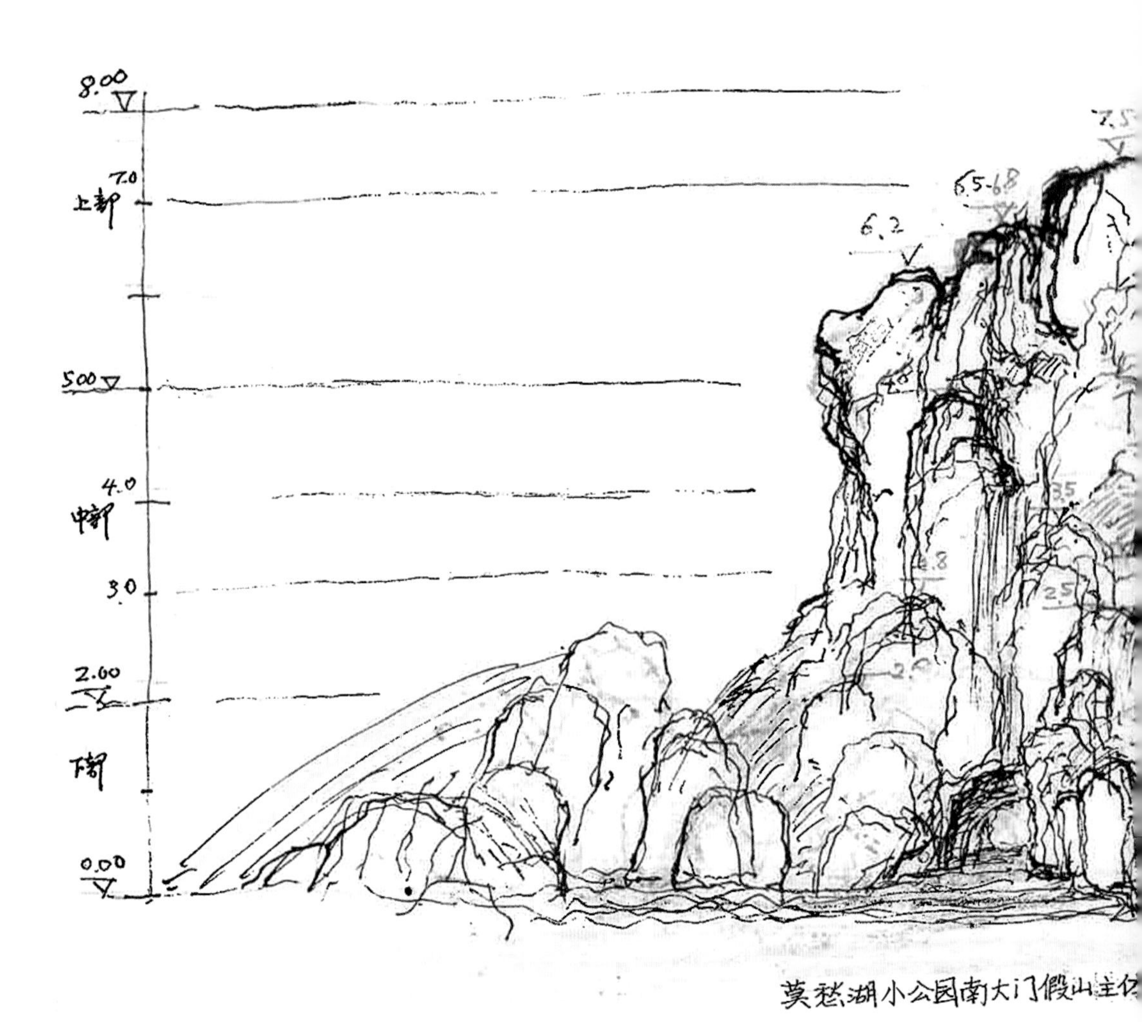

▲ 南大门假山主体东立面

▲ 南大门假山右侧入口

▲ 南大门假山正面实景

▲ 正面左侧主峰实景图

▲ 主峰侧立面

▲ **杨舜作品手稿**

▲ 莫愁女雕塑景石底座实景图

3. 玄武湖公园（玄圃）

▼ 玄圃观瀑亭水景湖石驳岸

玄武湖玄圃

玄武湖公园位于中山北苑，“玄圃”始建于齐永明年间（483—493），改建于梁（502—557），是梁明太子（萧统）的私人园林。自隋灭陈，毁建康以来，古玄圃已经无法由考证来恢复其原有的面貌。

2010 年 3 月在玄武湖环境综合整治中设建“玄圃”，其内叠石假山由专家杨舜指导建设。其占地面积达 26 000 m^2。

园内假山及驳岸采用湖石堆叠，错落有致，堆叠的自然驳岸是回归自然的生态型驳岸，在协调整体景观效果的同时，也确保了驳岸的稳定性和生态性，自然湖石驳岸最终呈现的效果要达到“虽由人作，宛自天开”的感觉。自然式驳岸的曲折并附有变化是其特点，是对无固定形状或者规格的景观水景驳岸进行处理的最佳方案之一。景石驳岸是自然式驳岸比较常见的类型之一，景石驳岸置景手法中置石需对景石大小进行控制，根据场地进行选择，在之后施工中对景石摆放需注意把控整体比例，形成最佳观赏面。观赏面需要其摆放的景石平稳、端正，不得出现倾斜等不美观的姿态，把握景石摆放的曲折变化、疏密变化，并与周边环境形成较好的搭配。

▲ 玄圃东北向景观

景石小景

湖石与周边植物搭配，整体成景，手法采用“昭示性，引导性”，结合铺装、园路边缘点位布置，引导观赏游览路径。

植物栽植应衬托假山、丰富层次、烘托气势，融入整体环境；主面间的植物栽植应遮挡瑕疵，显露石体的脉络节点，利用植物与石体在形态及质感上的对比增强观赏效果；山体背景树木栽植应注意与周围树木融合，留出远近树冠梯度的通透层次；山体两侧树、灌木种植，应遮蔽周围景物视觉效果不佳的观赏面；植物品种选择应注意植物的生物学特征，有利于形成稳定的微生态系统。

▲ 观瀑亭侧园路景石小景

▲ 园路取景一

▲ 园路取景二

4. 胡家花园（愚园）

▲ 胡家花园小山佳处正面

胡家花园

“胡家花园”又名愚园，位于南京城西南胡家花园2号，东临鸣羊街，后倚花露岗，南眺城墙，花园整体由宅院和园林两部分组成。整个花园最大的特色就是以水石取胜，是晚清金陵名园之一，号称“金陵狮子林”，其造型甚至可以与号称“金陵第一园”的瞻园媲美。愚园历史最早可追溯至明中山王徐达后裔徐傅的别业，已有600多年的历史，后几经转手。清光绪二年（1876），胡恩燮为奉养母亲，辞官筑园，取名愚园，既有表明其不仕归隐“自以为愚，更其名为愚园”、“以愚名者，乐山水而自晦于愚也”之心迹，又寓“大巧如拙，大智若愚”之意。设景36处；1915年，胡恩燮嗣子胡光国进行扩建，面积近3万m^2，增设34景，故有前后七十景之说。

本项目于2014年2月进行修复建设，全园南北长约240 m，东西宽约100 m，主体修复涉及景石、假山、绿化、古建。

园内采用了大量的湖石作为制景石料，湖石多为石灰岩，石块形态多样，棱角圆润，轮廓扭折多变，表面凹凸曲展，窟窿和孔隙勾连内通，具有“瘦、皱、漏、透”特点。石色呈白、灰、黑、黄、红颜色，常见灰白色。湖石类假山峰冠险奇、壁面挑悬垂挎、体内洞岫贯通、形态奇异峻秀。相对密度为2.71。

胡家花园采用湖石造景为主，叠石手法采用安、接、拼、悬、挑、靠六式，相互配合，从而形成了花园内多样化的叠石景观，体现出虽由人作，宛自天开的景色。

▲ 小山佳处景石

▲ 延青阁前景

▲ 胡家花园 A 区西部假山

▲ 小山佳处手稿

▲ 小山佳处南面

▲ 胡家花园 A 区东面假山手稿

胡家花园A区西部假山，由曲桥北岸入口向西观

▲ 杨舜作品手稿

2012.7.31.Y.S.

▲ 胡家花园小沧浪园一

▲ 胡家花园小沧浪园二

▲ 杨舜作品手稿

5. 仙林湖公园（湖石区域）

▲ 仙林湖东南角湖景

仙林湖公园（湖石区域）

仙林湖公园位于南京栖霞区，仙林大学城白象片区，是以水体为主要景观的公园，占地约 45 hm^2。其中水面面积约 38 万 m^2，公园内景石采用自然湖石堆叠而成。公园内景观美不胜收，目之所及，一幅“萍天苇地”的美景，“河岸翠柳依依，绿草如茵”的画卷展现眼前。众多茂密的水生植物，层层叠石，放眼无尽，变幻无穷，垂柳依水，随风飘逸，不时可看到成片的美人蕉、蔷薇、薰衣草点缀其中，不时有白鹭等水鸟掠过水面，景观丰富且优美，可谓自然之大境。

2017 年 1 月公园进行景观提升改造，其中结合驳岸工程的自然生态型景石驳岸与置石造景是重点改造之一。工程实施其中水景区域主要采用的景石以湖石为主，湖石搭配水景，硬与软的结合，形成了浑然天成的感觉，其景石安放错落有致、疏密得当、平稳安全、美观大方，通过与周边植物、建筑等搭配，体现出了虽由人作，宛自天开，与自然融为一体的造园意境。

▲ 仙林湖东南角景区施工过程

▶ 仙林湖公园内实景与杨舜作品手稿对比

仙林湖公园丘壑溪涧景区站北坡向南看台坡叠置石施工效

S1视点：溪涧北岸假视点，见视点位置示意图
12/3/2018 于现场 Shan

▼ 仙林湖公园东南角实景

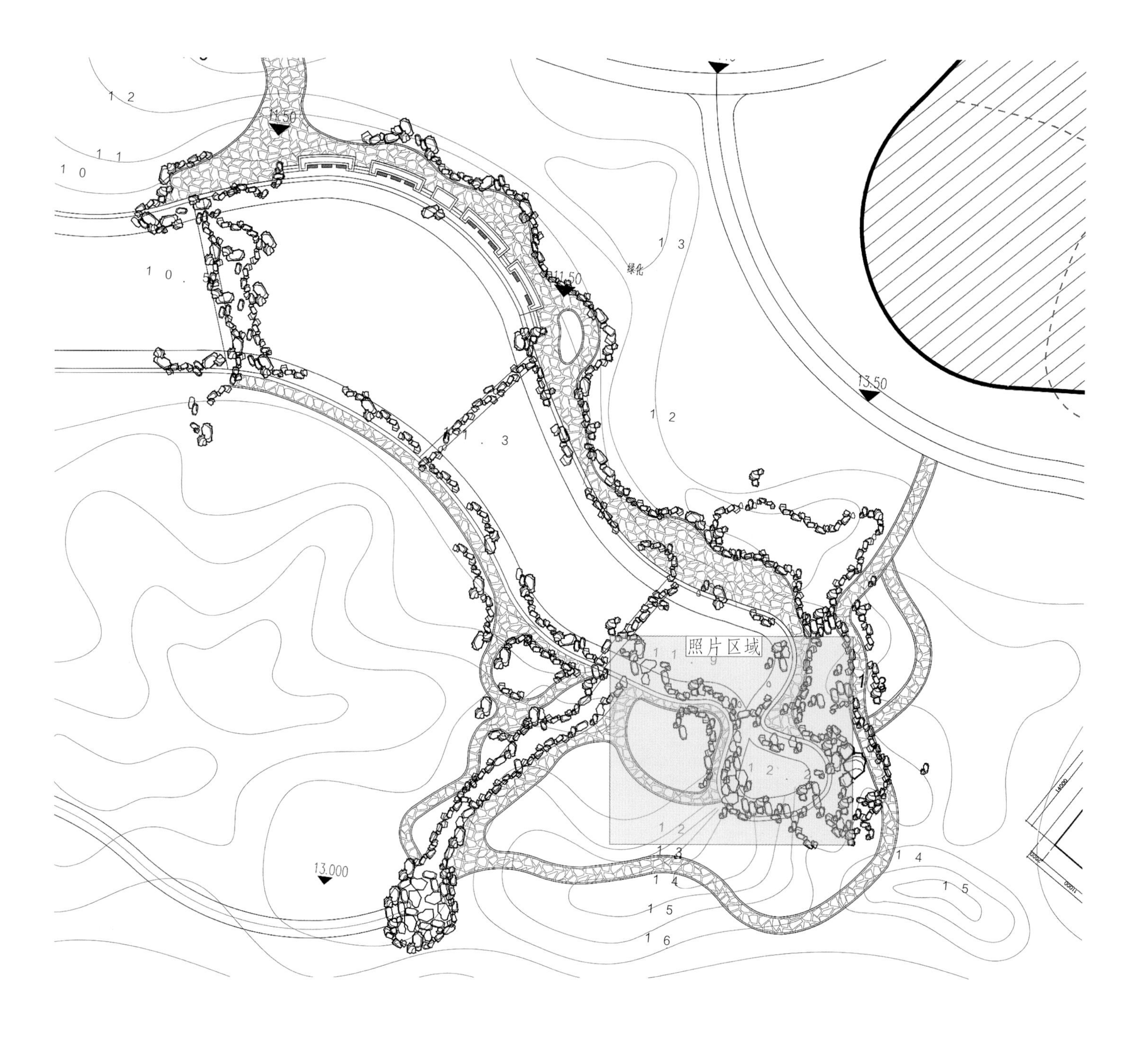
照片区域
绿化
11.50
13.50
13.000

▲ 仙林泵

▲ 仙林泵正面景观

▲ 仙林泵侧面景观

▲ 仙林湖公园东南角全景

▲ 仙林湖公园步青桥侧景观与杨舜手稿对比

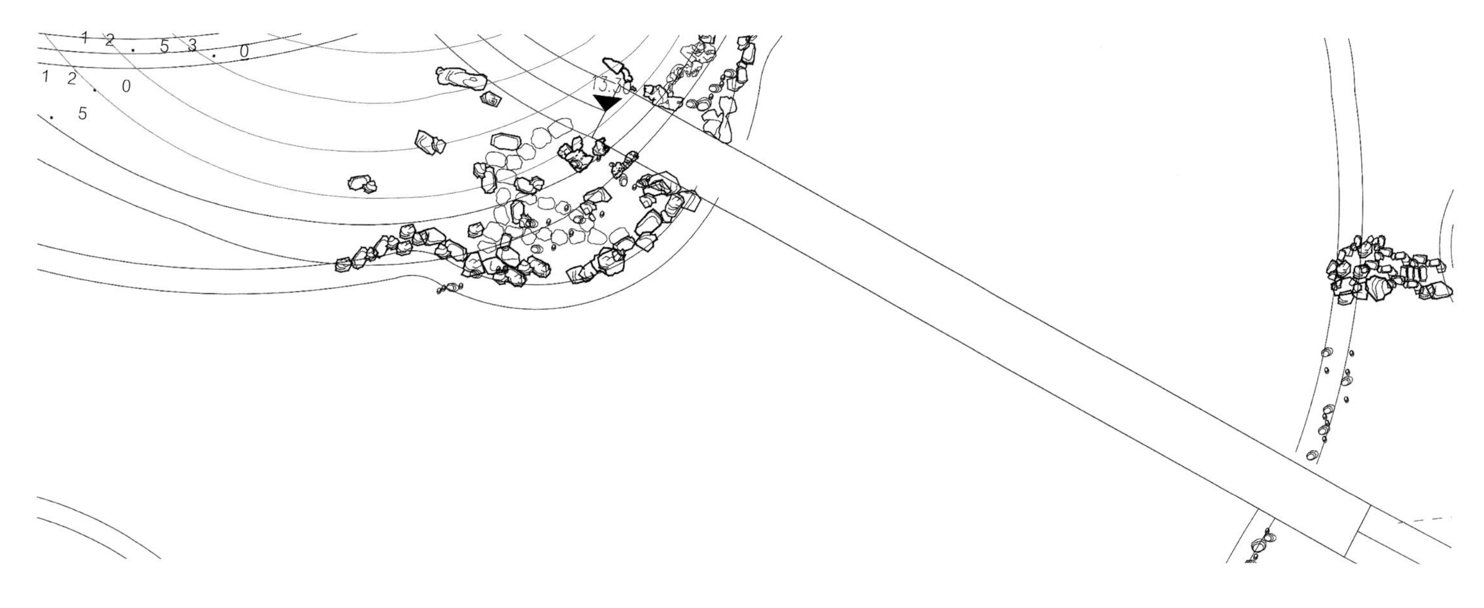

▲ 步青桥平面与实景对比

▲ 仙林湖公园东南角湖面全景

90

6. 江苏省第十一届园博园（泰州园）

▲ 泰州园湖石假山全景图一

江苏省园博园泰州园

第十一届江苏省园艺博览会，选址于南京市江宁区圣湖西路，于 2021 年 4 月 16 日博览会正式开幕。泰州园为江苏省园博园内的一个中式园林，属于园区内“五区十三园”的淮扬区。

展园于 2020 年 12 月进行建设，占地面积 4 500 m^2。

园内多采用太湖石造景，与中式建筑配合，巧用亭台、廊架、景石、流水结构等，一步一景，美不胜收。湖石选取以白色居多，也有青黑色、黄色，其外观多变，适合展园园林景观中造景，叠石形成浑于自然的景观，泰州园内湖石意境中类似于浓云，波浪形的围墙结合，二者合一，互相配合，呈现出云海仙境，有着云浪涌动的意境。

湖石造景以“置石”为主。置石特点在于用简单的形式，表现出景观的意境。园林空间中，置石又分为孤置、对置、群置三种手法。

泰州园的假山工程可谓传承叠石的精品，并具泰州地方特色。

▲ 泰州园湖石假山全景图二

▲ 泰州园手稿鸟瞰

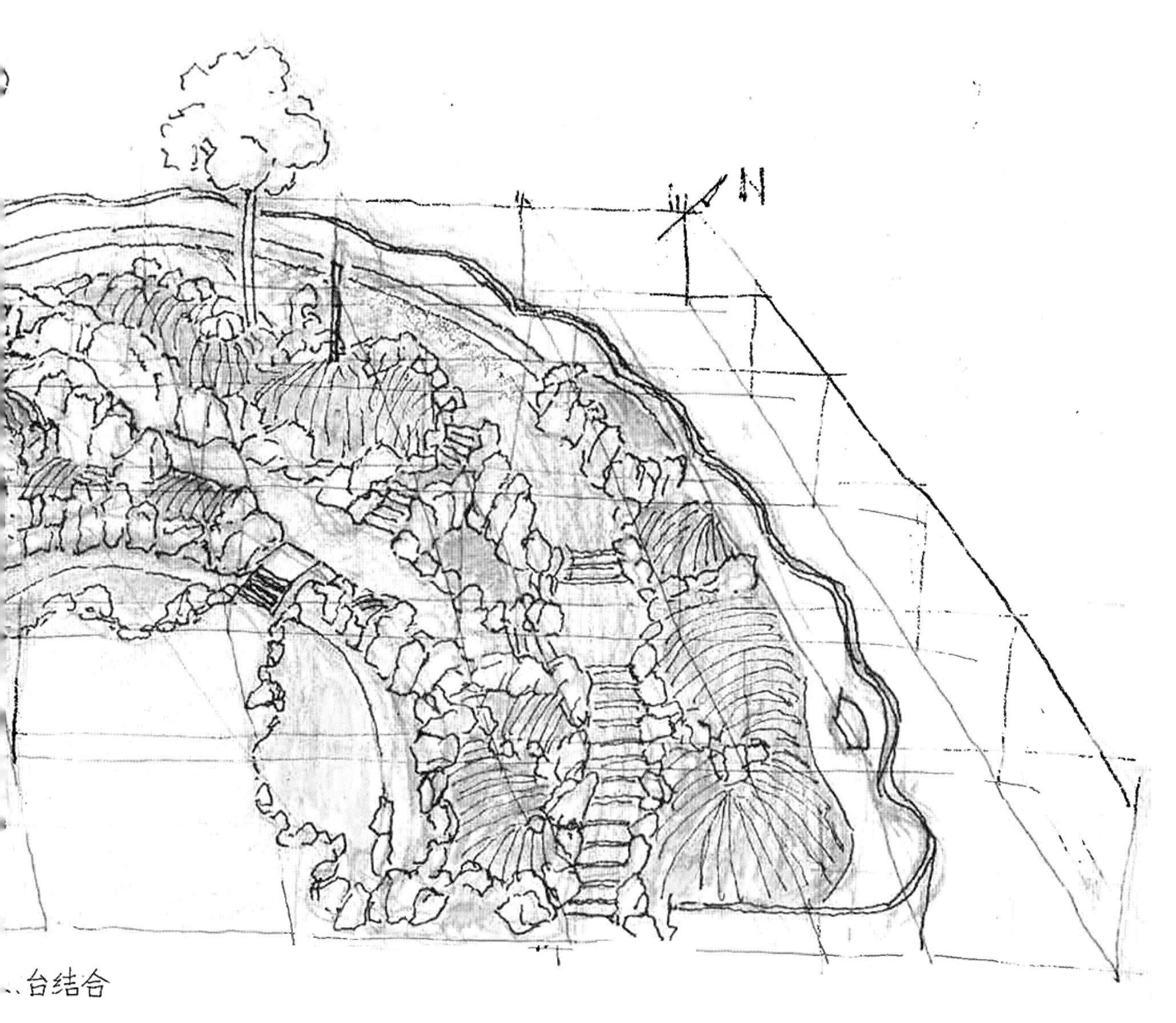
N
、台结合
平、立面及剖面图作 28/12/2019 Shön

▲ 泰州园园内实景图一

▲ 泰州园园内实景图二

▲ 泰州园湖石假山全景图三

第二部分

2 黄石景观案例篇

1. 狮子山风景区（卢龙湖滨河景观）

▲ 城墙脚下黄石景观

狮子山风景区

狮子山风景区位于建宁路化风门北，是百景著名景区，其内含的城墙、阅江楼、静海寺、天妃宫等均为南京重要文化景点，2000 年 10 月进行了景区的环境综合整治。其叠石造景主要为沿城墙脚下的园林滨北环境中，石材选用黄石，采用“安、拼、接、靠”四式手法进行叠石造景，浑厚自然的景石犹如土中“长”出，协调了墙、河、树，成为文化遗存性园林景观范例。

▲ 狮子山公园城墙外侧黄石广场

▲ 滨水黄石景观全景

▲ 黄石置石小景

2. 聚宝山公园

▲ 主入口山体黄石山体挡墙

南京聚宝山公园

聚宝山公园，位于南京主城区与仙林新区的交界处。公园分为两个区域，包括西区森林休憩区和东区休闲娱乐区，属于南京重要的郊野公园之一，于 2004 年 10 月景观提升改造，占地面积 1 470 000 m^2。公园围绕原有的自然山体建设而成，园内叠石假山大多以黄石砂积岩为主，以点缀和修补山体为主，多运用于水体驳岸、山体挡墙和林下置石，使得假山功能多样化。

砂积岩景石方正，形态较多，有棱有角，沉稳大气。砂积岩是一种沉积岩，主要是由各种砂砾结合而成，再由砂砾经过水的冲蚀沉淀在水底河床上，经过长时间的沉淀堆积而成，且结构稳定。

黄石假山山体挡墙工程属于自然式挡墙的一种，在保证挡土墙功能的同时，结合自然风貌，与原有山体浑然一体，宛如天然形成。

假山多数采用压、叠、垫、安、靠五式，手法与自然相结合。黄石堆叠假山首先是相石，也就是选石。挑选合适的石材，对假山的堆叠制作具有至关重要的作用。黄石产于矿物富集区的山脉中，是中国古典园林中常见的景观石料之一，其外形呈现不规则多面体，每个面轮廓分明并显露锋芒。

▼ 入口右侧黄石山体挡墙

富强
民主
文明
和谐
自由
平等
公正
法治
爱国
敬业
诚信
友善

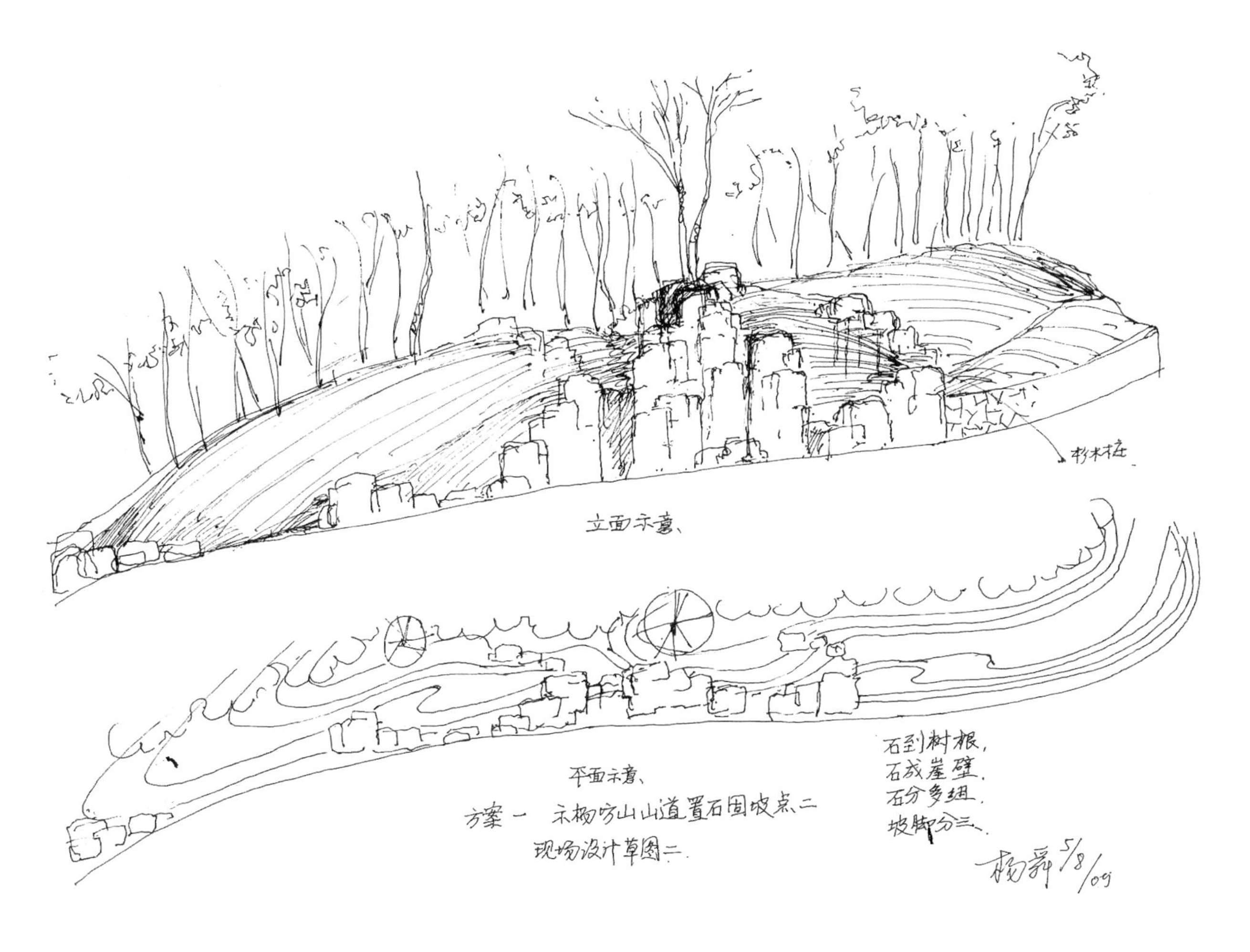

▲ 山道入口假山（手稿对比）

聚宝山内，山道入口假山方案，采用浙江砂积岩堆叠而成，在山道入口设置假山，在遮挡挡土墙端头的同时，在山道入口增加了一份不一样的景观。在假山观赏面上增加社会主义核心价值观的宣传，使景观上又增加一份色彩。

▲ 黄石假山山体挡墙

▼山体黄石挡墙实景与手稿对比

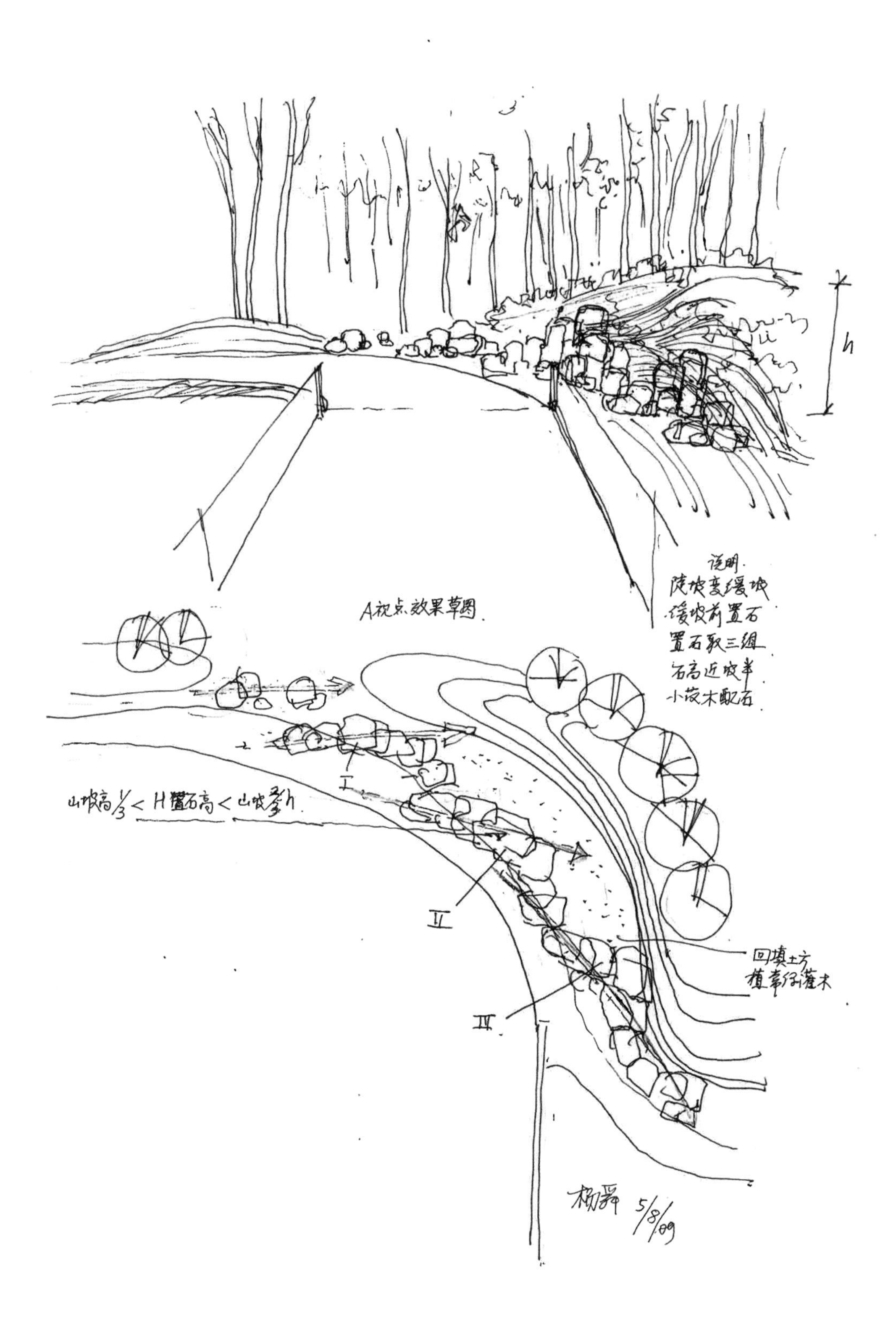

▲ 入口左侧黄石山体挡墙

▲ 聚宝山内黄石山体挡墙

▼ **黄石假山手稿对比**

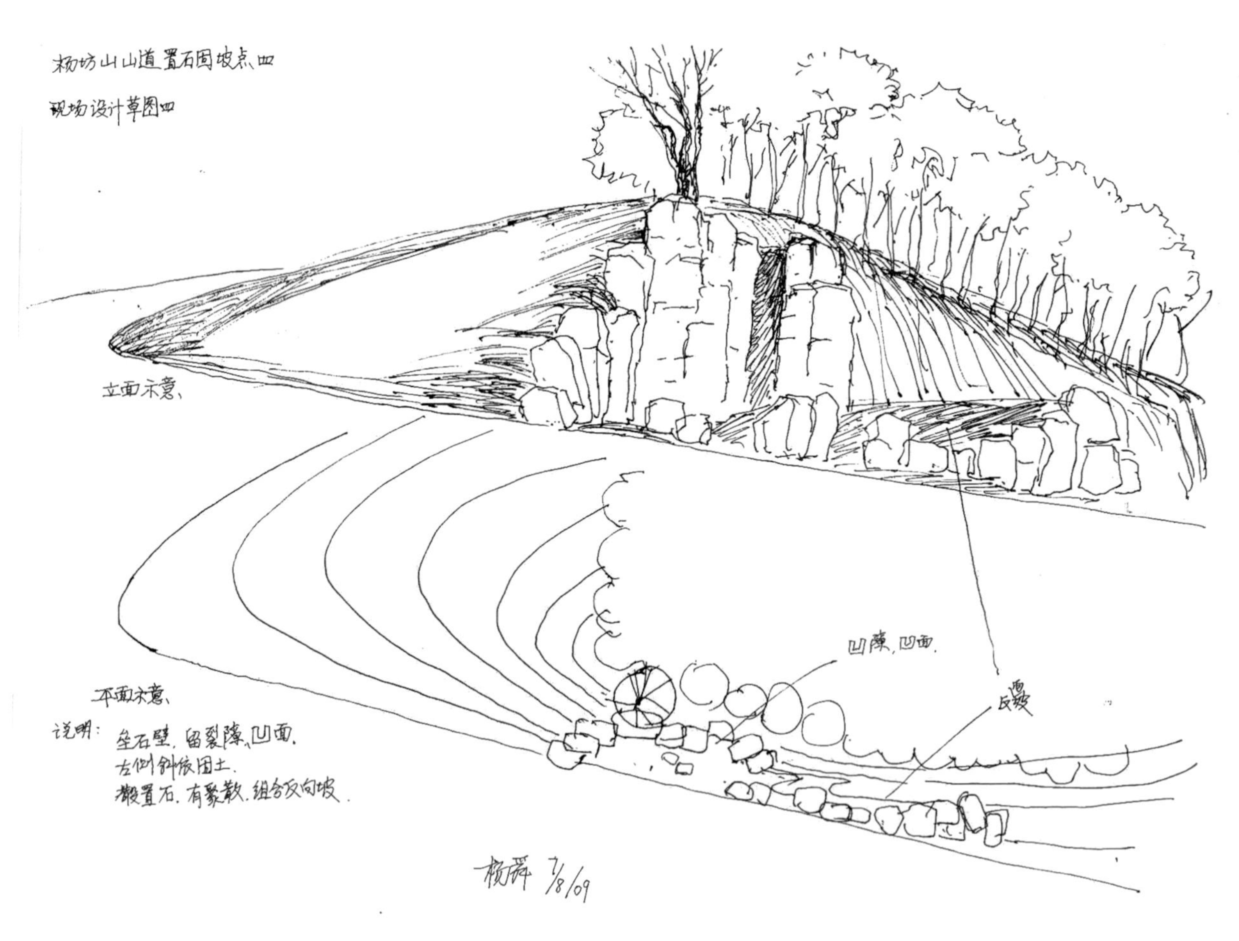
杨坊山山道置石围坡点四
现场设计草图四
立面示意、
凹隙、凹面.
平面示意、
说明：垒石壁，留裂隙、凹面.
撒置石，有聚散，组合反向坡.
杨舜 7/8/09

▲ 公园内黄石山体墙体

3. 山东鲁东大学（校园景观）

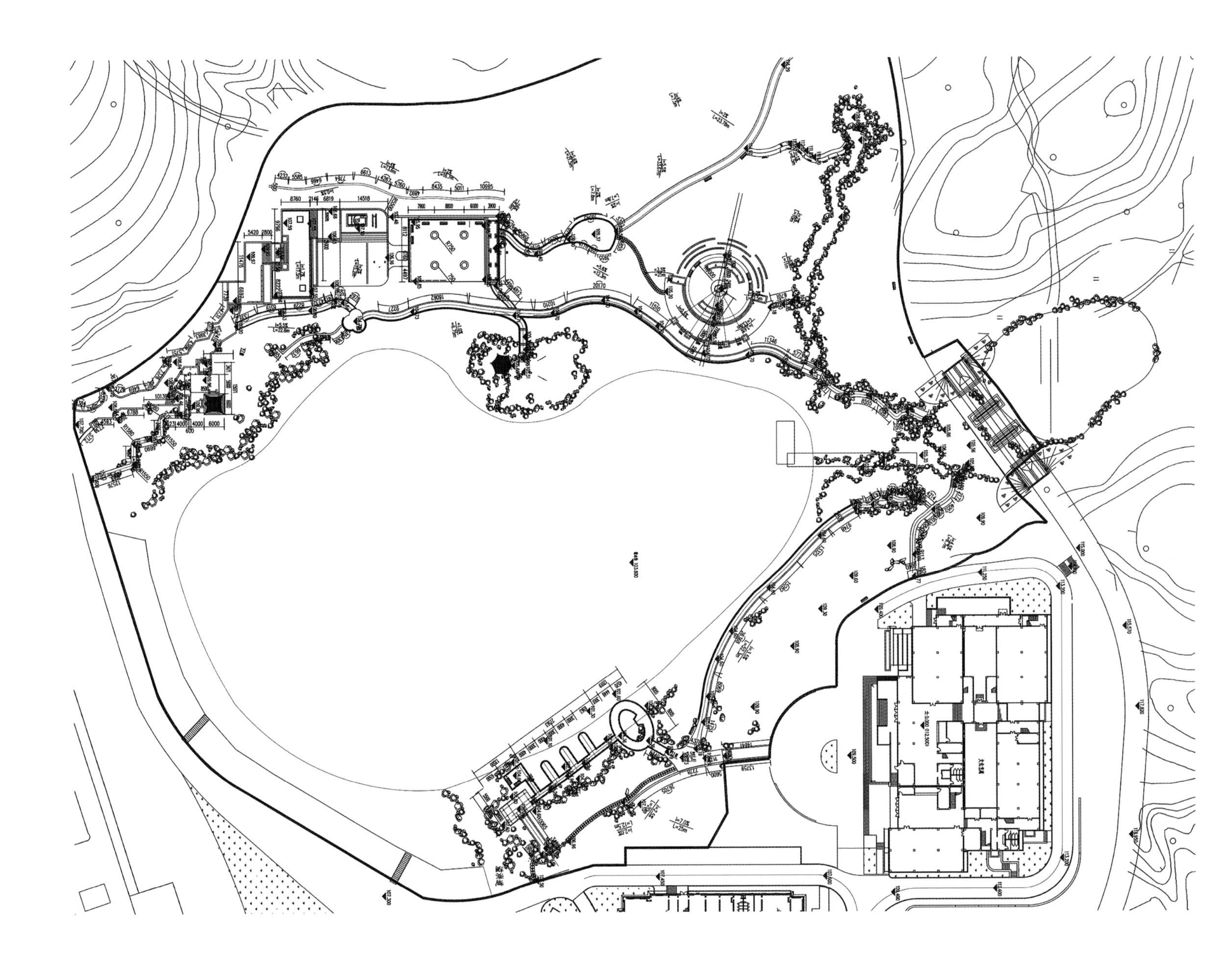

▲ 山东鲁东大学乳子湖景观

本项目是山东鲁东大学乳子湖周边景观提升改造工程，其位于校区北区西北部，北靠乳子山，南临学校四食堂和学苑北区 11# 楼，于 2015 年 12 月进行施工改造，场内黄石假山叠石由专家杨舜进行指导建设。

▲ 山东鲁东大学如意岛

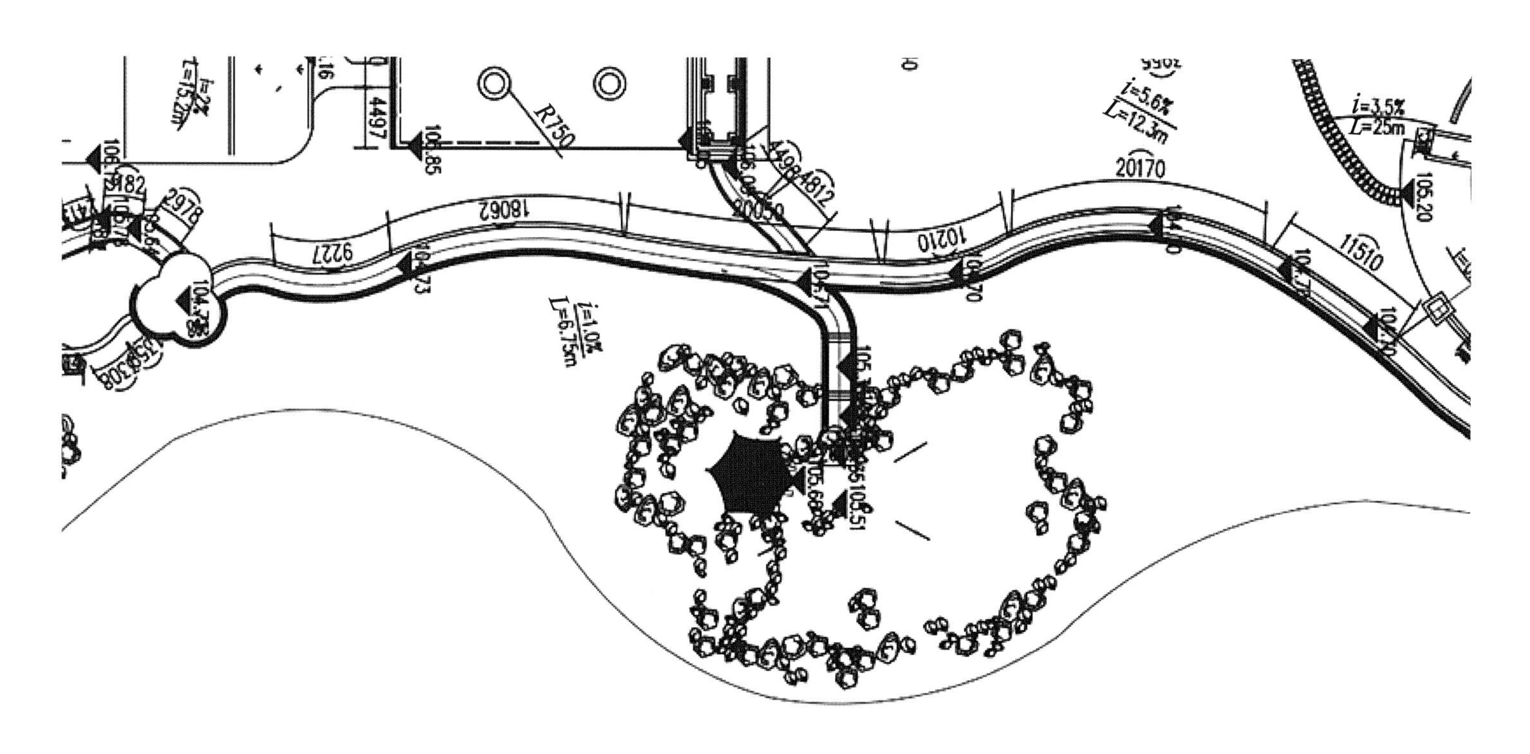
R750
4497
20170
11510
i=5.6%
L=12.3m
i=3.5%
L=25m
i=1.0%
L=6.75m
2978
20050

▲ 如意岛平面与实景对比

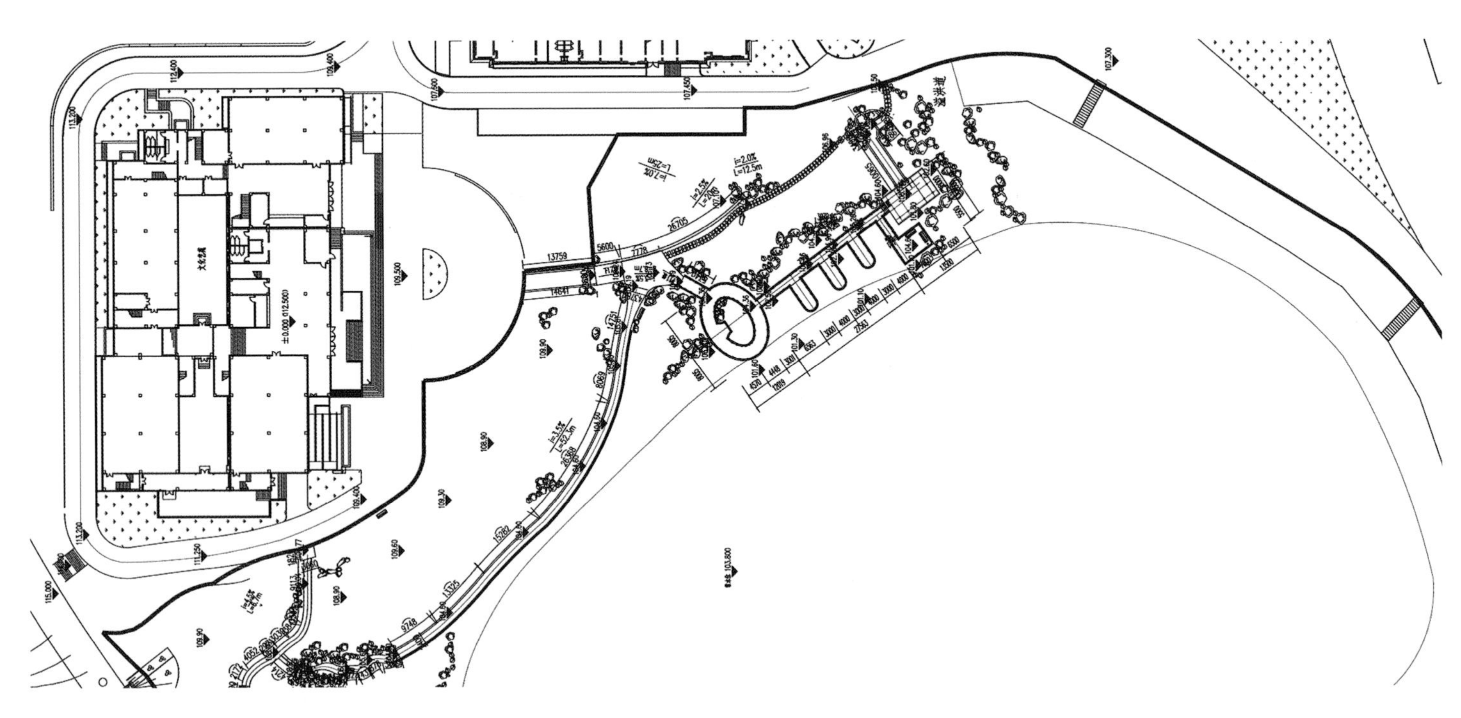

▲ 山东鲁东大学水榭花案实景与平面对比

▼ 山东鲁东大学水榭花案（施工过程中）

小桃园

4. 小桃园公园（三期景观）

▲ 小桃园山体挡墙正面

小桃園

南京小桃园

南京小桃园位于南京市中山北路挹江门外，在古城墙脚下沿秦淮河一侧，北与绣球公园对望，是南京开放的绿地公园之一。公园依托古城墙与护城河，设有亭台楼阁和水景假山，体现了历史遗存生态环境与休憩活动一体的综合性。

于 2016 年 6 月对小桃园进行提升改建，项目范围为北至察哈尔路，南接姜家圩路，西靠锋尚国际公寓，东临护城河，总面积 23 625 m^2。杨舜对此项目假山叠石的设计与施工进行了深入指导与参与。

在主入口广场景墙基础施工过程中，发现表层土壤下有较完整的山体岩石脉络，若按照原设计方案，施工过程中必须破除岩石，导致对原有山体的破坏。建设、设计、施工三方经实地讨论和评估，决定对原有方案作出调整：尊重现状，尊重自然。邀请杨舜等有关专家进行实地勘察、论证之后，选用与山体颜色相似的暗红色岩石，顺延山势堆砌假山，将山体自然地融入主入口广场。山脚下修建了一条窄窄的旱溪，围绕着山体蜿蜒向前，旱溪里铺了石头，两侧种植着铜钱草、鸢尾、菖蒲等水生植物，下雨时雨水好似一泓清泉在山间流淌，为中心区域的主景旱溪埋下伏笔。

▲ 小桃园正面展示

▶ 现场景观展示

▲ 实景与手稿对比

▲ 杨舜作品手稿

8/9/2017

5. 仙林湖公园（黄石区域）

▲ 黄石叠石小景

仙林湖公园（黄石区域）

仙林湖公园北出口、东北区域出水口及东南区域由黄石叠石假山为主。

于 2017 年 1 月进行施工建设，由杨舜参与指导设计与施工。

“宜真不宜假，宜整不宜碎，突出峰秀点，石纹仔细配。又道是真山似假则名，假山似真则绝，叠石散碎则假，峰多纹乱则碎。”这是古人对黄石假山的形容。自然的黄石假山是中国古典园林中常见的一种园林建设使用材料，其材质一般由中生代红、黄色砂、泥岩层岩石构成，质地坚硬。明代计成在《园冶》一书中认为黄石的特点在于其石质坚实、石纹古朴，书中记载的出产黄石的地区有常州小黄山、苏州尧峰山等。黄石用于叠山的优点在于落脚容易，缺点在于不易封顶，多用于叠险景和造人工瀑布。著名的黄石叠山有扬州个园黄石假山（秋山）、上海豫园黄石假山（由明嘉靖时园林叠石大家张南阳所叠）和苏州耦园黄石假山（叠石手法被考证为与豫园假山类似）。

仙林湖公园叠石体现了护山、固土，协调环境之作用。

▲ 仙林湖公园北出口与平面对比

绿化
16.00
绿化
铺装
13.00
12.70

▲ 仙林湖公园建设时期的景观

▼ **仙林湖公园手稿与实景对比**

14
13
12
11
10
14
13
12
11
10
13
12
11
10

▼ 仙林湖公园东北区域出水口

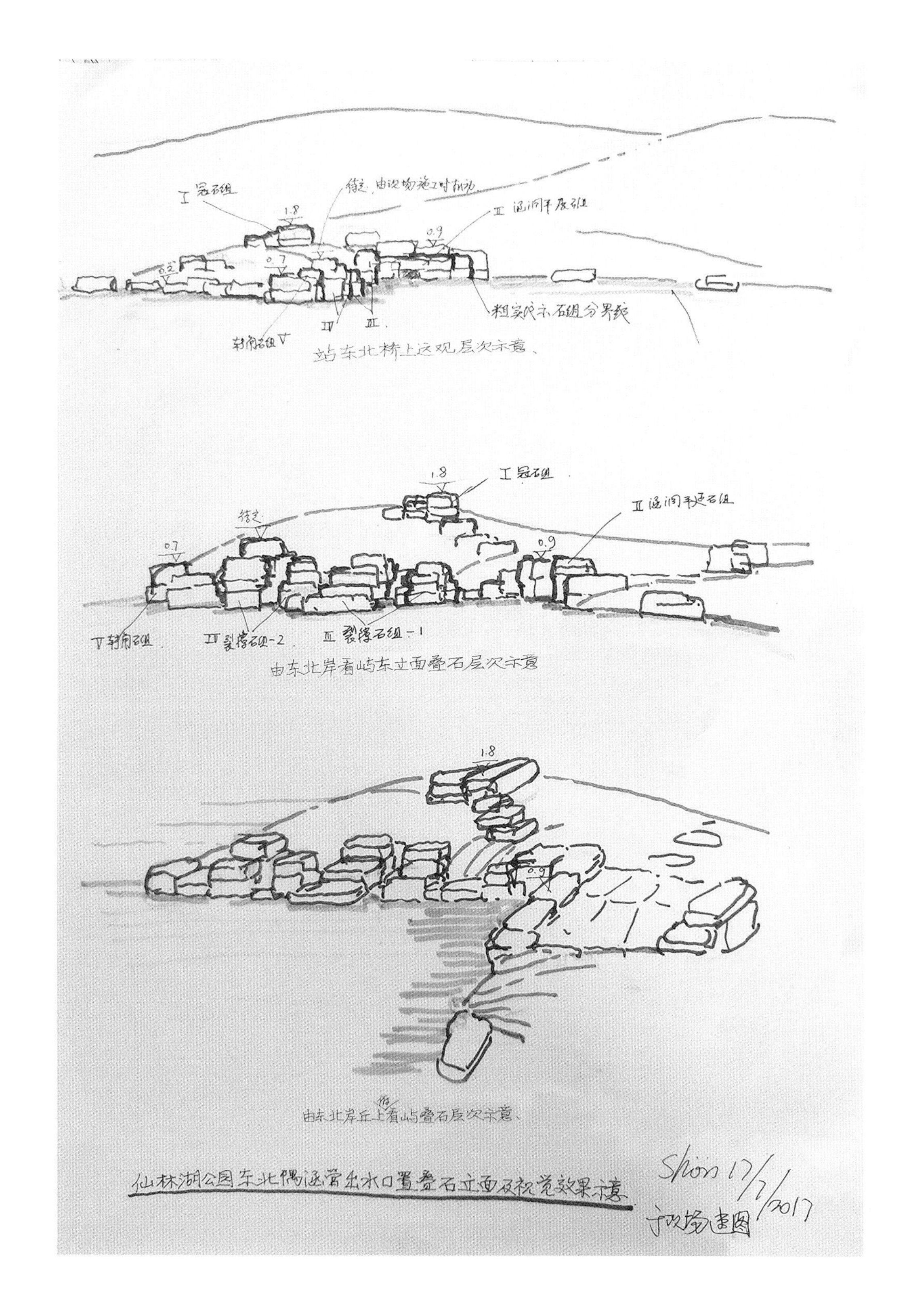
Ⅰ 冠石组
1.8
0.9
0.7
0.2
Ⅳ
Ⅲ
站东北桥上远观层次示意
1.8
Ⅰ 冠石组
0.7
0.9
Ⅲ 裂缝石组-1
由东北岸看屿东立面叠石层次示意
1.8
0.9
由东北岸丘上看屿叠石层次示意
仙林湖公园东北隅涵管出水口置叠石立面及视觉效果示意
Shion 17/7/2017

▲ 仙林湖公园东南区域

▲ 仙林湖公园东南区域

▲ 仙林湖公园北出口景观

6. 江苏省第十届园博园（南京园）

▲ 园内黄石驳岸全景

江苏省第十届园艺博览会南京园

江苏省于 2018 年 9 月在扬州市仪征枣林湾生态园区内举行主题为“特色江苏，美好生活”的第十届园艺博览会，其中南京展园于 2018 年 4 月对其园区内南京园进行建设，总面积达 7 500 m^2。由专家杨舜亲临指导建设施工。南京展园主题为“石头城记”，在 2018 年江苏省第十届园艺博览会上获得造园艺术奖一等奖和创新单项奖。

园内使用黄石为景观石材的南京展园内，其复杂多变、层次鲜明的假山堆叠工艺完美地展现出石头城文化，园区内湿地、山脉、丘陵、庭院融为一体，高低错落，充分展现了南京的古城气息和地理地貌。整个园区主要以石为景，充分展现石头城的特点，叠石假山为景，植物水体为辅，以石成园，以石造园，展现出假山叠石的变化，体现南京的特点。南京展园内植物搭配黄石成景，全园采用多种不同月份的植物造景，二月有梅花、二月兰，四月到五月有桃花、海棠、杜鹃，六月到九月有紫薇，十月桂花万里飘香，十一月以后蜡梅、结香等继续展现园区的景色，从而使展园内全年有花、四季有景。

▲ 现场照片

▲ 现场照片

▲ 现场照片

▲ 现场照片

▲ 黄石假山施工立面图

▲ 施工过程实景

▲ 施工过程实景

7. 江苏杞林生态环境建设有限公司（园区景观）

▲ 黄石假山正面

江苏杞林生态环境建设有限公司

江苏杞林生态环境建设有限公司位于玄武区龙蟠路100号，院内假山采用黄石堆叠而成。

院内办公区于2019年5月进行建设，其景观由专家杨舜指导设计与施工。占地面积1 050 m^2。

造景采用黄石“垒块层叠，棱角分明”的基本特征为方向进行塑造，以围墙为靠，蓄势而上，景石摆放需平稳、端正、错落有致，总体结构方略采用安、连、接、卡、挑、拼、靠七式，主峰挑出悬于池塘之上，黄石形体玩憨，棱角分明，雄厚沉实，与其他景观石材相比，黄石四平八稳，稳重大方，立体感极强，具有很强的塑景效果。黄石石质属细砂岩，石块墩方，表面相对平整，有浅浅的条状自然纹理，交接面近乎垂直，见棱见角，粗犷而富有力感。石色呈红黄、紫黄、褐黄，常见的有棕黄色。黄石类假山，块面棱角分明，错落有致，节理清晰，形态俊俏挺拔，雄奇壮美。相对密度为2.56。该作品可作为庭院叠石假山的范例。

▼ 主峰特写一

▼ 主峰特写二

▲ 航拍平面图

第三部分

3 假山造景工程技术规范篇

1. 园林驳岸施工规范

园林驳岸分为整形式驳岸、块石驳岸、自然缓坡式草皮驳岸、景石驳岸、竹木桩驳岸、仿木桩驳岸、沙滩驳岸。

1.1 景石驳岸的标准

1.1.1 景石驳岸石在块石驳岸的岸顶面放置景石，起到装饰作用，具体施工时，应根据设计文件、现场实际情况及整个水系在迂回折点放置景石；

1.1.2 景石驳岸的平面布置忌成几何对称形状，水面应该有聚散变化，分割不宜均匀，景石驳岸的断面应善于变化，使其具有高低、宽窄、虚实的层次的变化；

1.1.3 块石基础应符合《建筑地基基础工程施工质量验收规范》GB50202 的相关规定；

1.1.4 景石材料应该满足设计要求，景石安装要牢固，景石的叠接、拼缝应满足设计要求。

1.2 整形式驳岸一般标准

1.2.1 驳岸地基应该相对稳定，土质应均匀一致，防止出现不均匀沉降；当采用灰土基础时，应将表层浮土清理干净，并控制材料配比、含水量、分层厚度及压实度，混合材料应搅拌均匀；

1.2.2 当园林驳岸顶部标高出现较大高程差、驳岸基层较长时，应设置变形缝，变形缝宽度应符合设计要求；

1.2.3 混凝土驳岸施工应符合《混凝土结构工程施工质量验收规范》GB50204 的相关规定；

1.2.4 驳岸后侧回填土不得采用粘性土，并应按要求设置排水盲沟与雨水排水系统相连；驳岸内侧填土必须分层夯填。

1.3 块石驳岸一般标准

1.3.1 块石驳岸采用的石材应质地坚硬，无风化剥落和裂缝，用于明露部分的色泽应该均匀一致，石材强度应符合设计要求；石材应配重合理、砌筑牢固，防止水托浮力而使石材产生位移；料石的加工细度应符合设计要求，污垢、水锈等杂质在使用前应用水清洗干净；

1.3.2 灰缝宽度及铺灰厚度应按设计要求施工；若设计无明确要求的，一般控制在 20~30 mm，铺灰厚度 40~50 mm；

1.3.3 砌筑时，石块上下皮应互相错缝，内外交错搭砌，避免出现重缝、干缝、空缝和孔洞，同时应注意摆放石块，以免砌体承重后发生错位、劈裂、外鼓等现象；

1.3.4 勾缝应保持砌合的自然缝，一般采用平缝、凹缝或凸缝；勾缝前应先剔缝，将灰浆刮深 20~30 mm，墙面表面平整度用水湿润，再用 1 :（1.5~3.0）水泥砂浆勾缝；缝条应均匀一致，深浅相同，十字、丁字形搭接处应平整，通顺。

注：以上资料引用于《江苏省工程建设标准》DGJ32/TJ 201−2016

2. 假山基础施工规范

2.1 基础

2.1.1 假山地基施工应符合下列规定：

① 基槽开挖前，应依据设计图测量和复核地基的平面位置与标高；

② 基槽开挖后应及时组织验槽，避免遭雨水淋湿与浸泡；

③ 地基承载力无法满足设计要求时，应在设计人员指导下采取措施增强地基承载力；

④ 基础面积应大于假山底面积，向外扩 50 cm，基础层上表面应低于周围土面，高差根据设计要求确定；

⑤ 假山设置在既有建（构）筑物顶部的，必须根据设计要求对施工方案进行荷载验算。

2.1.2 假山基础层施工应符合下列规定：

① 施工应在地基验收完成后进行；

② 基础各结构层所采用的材料品种、规格、质量、厚度、标高和平整度等应符合设计及相关标准、规范要求；

③ 假山基础施工应按要求编制专项施工技术方案。

2.2 山体架构

2.2.1 假山构体组面的架构施工，应叠接、延展横向脉络。

2.2.2 山石假山架构的竖向层面可分为底、上、顶 3 段，通常底段 1～2 层，上段 2～3 层，顶段 1～2 层，每层石块高度 50～150 cm。底段料石应摆放出山体基面轮廓，分出底层拉形竖体的进退和峙分布局形态；上段料石堆叠，应以“字诀”工法组合不同单元，构建出山体；顶段料石放置，应以收结石显示出山顶与上段各层之间的呼应态，展示出山体石脉。

2.2.3 山石假山体内空腔由钢筋混凝土结构支撑，框架梁柱墙面钩、绊障壁料石的预埋件点位，应由假山技师与设计师按照图纸和料石形态现场调整确定。障壁料石与预留埋件露出端之间，应钩抵羁绊固牢。

2.2.4 塑石假山架构施工，框架主杆竖立和支杆连接应按照设计图并结合现场实际，由假山技师与设计师现场确认排布形式。矿坑修复的塑石体框架应由具备专业资质的单位实施，坑壁表面架构实施前应做消险加固处理，锚杆外露端与塑石框架焊接应符合设计及《钢结构焊接规范》（GB50661）等国家和江苏省现行相关标准和规范的要求。

2.2.5 置石假山结构设置于屋顶或楼面等建（构）筑物顶部时，施工前应对屋顶或楼面的承载能力进行复核验算，非山石置块应根据材质和单体置块形态绘制构造详图。

2.2.6 叠、塑石贴包墙、柱施工应符合下列规定：

① 贴石墙、柱体的结构施工质量应符合设计及国家和江苏省现行相关标准、规范要求；

② 山石、塑石与墙、柱体之间连接应采用预留钢筋或膨胀螺栓等方式固定；

③ 叠、塑石体贴包墙、柱，应绘制剖面图、节点详图，表示叠、塑石体与墙、柱及壁面的连接方式，石块镶贴墙、柱壁面时，墙、柱体应为钢筋混凝土结构。

2.3 构山单元

2.3.1 土石坡丘施工应符合下列规定：

① 坡丘地形放线应显示坡底与基面交接线，坡顶位置应竖杆标注高度；

② 堆土造单坡应避免坟丘状，造双坡和多坡应堆出起伏脊脉，理出坡面辅脊与坡凹；修补坡面地形应以连接的相邻地形地貌为依托和背景，增加缺土，减去赘土；

③ 坡丘表面置石应结合陡缓面形状，组织地表径流，减缓和防止表土冲刷；

④ 坡底置石应衬挡坡脚土面，衔聚坡面汇水，引入排水沟槽；

⑤ 土坡连接峰、壁，两者先后顺序应据土坡体量和现场环境确定，土坡依附石壁、石峰，宜先叠塑峰、壁，再堆土理坡；

⑥ 斜坡入水面，应在常水位线下 30 cm 处沿岸线入水打杉木桩，2 排桩挤靠木桩应做防腐处理，桩长为 400～600 cm，小头直径 10～14 cm，设计另有规定的，应从其规定。

2.3.2 溪涧施工应符合下列规定：

① 溪沟和涧壑始端宜有凹潭和小池蓄水，中段宜有宕坎和浅坝跌水，末端应据地形设浅滩、涵洞或拦坝，疏导泻流汇入大水面；

② 溪沟宜利用边沟、坡底和低洼带构成，沟底可做防渗水层；

③ 溪沟置石应稳固土面、调导水流，宜大小相间、疏密结合，边沟收水井盖旁置石应既阻止流水中冲刷物又利于排水；

④ 涧壑地形土坡峙分，流床两侧坡脚和坡面陡斜处应置叠石遮挡；

⑤ 溪涧分级跌水处应叠石作坎和坝，置障挡石调整跌水流向、流量和流速，丰富流水形态，跌水坎坝处上段底部应设排水闸阀；

⑥ 溪涧底面做法应因地制宜，符合生态环保要求，底面裸露土可用同类叠置石碎块、石砾（2～10 cm）铺撒，石砾应无尖锐角。

2.3.3 驳岸施工应符合下列规定：

① 驳岸叠石基础处理，可抛石灌浆或加压杉木桩，具体应按照设计要求实施；

② 沿岸水深大于 60 cm，无栏杆情形，叠置石应与水生植被种植槽结合，叠置石应同时具备防护功能；

③ 岸边沿线应据地形叠置石来减缓雨水冲刷；

④ 叠置石宜从最低水位线以下 30 cm 处开始放置。

2.3.4 瀑布施工应符合下列规定：

① 瀑布供水管出水口应根据水流强度与流向，接弯头、盖压石块或罩镀锌网；

② 瀑布供水管出水口与石壁跌水间应设汇水窝、槽、池，避免水流长期冲刷导致渗漏；窝、槽、池用料石拼合成形后用小石嵌补内壁面缝隙，底部敷块径 10～30 cm 碎石，灌 1∶1 水泥砂浆并抹刮内壁与底面，砂浆初凝后再嵌敷块径 5～8 cm 碎石，再次重复灌浆并抹刮内壁与底面，大水窝、槽、池均应按此方法灌浆抹面 2 遍，小水窝、槽、池调小碎石块径；

③ 瀑布跌水不应飞溅到铺地、园路和栽植槽。

2.3.5 眺台施工应符合下列规定：

① 眺台顶面边缘应有防护设施，设石垒、栏杆或栽植槽，防护设施的设置应符合相关标准；

② 眺台顶平面泛水边缘宜设汇流浅槽，与台壁错落凹凸节理面衔接；

③ 眺台出入口宽度不应小于 110 cm。

2.3.6 洞穴施工应符合下列规定：

① 洞穴入口内外地坪有高差，宜以坡面代替台阶；洞内地坪低于洞口外地坪，应提高入口处标高，里外两面作坡，中间有 100 cm 宽平面衔接；

② 洞穴顶盖石与侧壁上端触压面搭接长度不应小于 20 cm，盖石厚度 30～40 cm、长度不大于 350 cm，表面不得有纵向或横向浅细裂缝；

④ 地面应防滑，有泛水，与侧壁交接处应设置排水浅槽；

⑤ 洞穴侧壁石块表面应避免锐利棱角；

⑥ 洞穴侧壁通风口和采光口处的镶贴石，应防止雨水由石面浸入内部。

2.3.7 石阶、石梁与汀步石施工应符合下列规定：

① 石阶铺设前，应完成结构毛坯面，形成错落上下连续坎或斜面，在转折处或连续 5~15 阶高差后宜设歇脚平台，石阶最窄宽度应符合设计要求；每级踏步阶石厚度 10~20 cm，踏步阶石宽度 25~40 cm，材质宜与叠置石相同；踏步石上面应平整并带泛水面，底部缝隙用小块石垫实，并用 1∶2 水泥砂浆填塞；同层阶石块之间上下错缝不应大于 0.3 cm；石阶完成后，踏步两侧边缘石壁宜置扶手石组；阶石踏步主体完成后，石块间拼缝应用 1∶1 水泥砂浆勾平；

② 施工中石梁跨度应小于 250 cm，石梁表面宽度应为 80~120 cm、离地面高度小于 600 cm；架托石梁的两侧石壁上端，托梁礅石宽度应大于 150 cm，礅石之间填垫块石后，水平误差不超过 0.5 cm；石梁边缘应设 110 cm 高围栏，两侧石壁上端设 120 cm 高栏柱固定栏杆；石梁采用花岗岩条石并列成组放置，间隔 0.3~0.5 cm，条石与对峙石壁礅石搭接部分不小于 25 cm；条石与礅石搭接面、多根条石端头间隔缝，采用 1∶2 水泥砂浆垫底、封填条石端间隔缝，条石间水平误差不超过 0.3 cm；

③ 汀步石表面应平整，但避免平滑，排放汀步石处水深应不大于 50 cm；坎跌处落水高差大于 60 cm 处，汀步石距离落水口应大于 150 cm。

2.3.8 石径、石坪施工应符合下列规定：

① 石径采用块石面，土层坚硬可直接放置 20~30 cm 厚片石，片石表面应平整，相邻石块间上下错缝不大于 0.3 cm；缝隙开口不大于 2.5 cm，宜采用 1∶1 水泥砂浆勾勒平缝；缝隙开口大于 2.5 cm 的，应用碎片补缝后勾平缝；

② 石坪基础施工应依照设计图，土层坚硬、未经雨水淋湿的，清除表土后可直接放置大片石块，面积应控制在 200 m^2 以内，铺设方法与石径做法相同。

2.3.9 亭廊、阁榭等配衬建（构）筑物施工应符合下列规定：

① 亭廊、阁榭等建筑物连接石体，基础宜与石体基础构成整体；

② 亭廊、阁榭等建筑物连接的承力柱穿越洞道宜与洞壁结合，在能满足设计要求的有效截面及结构安全的情况下，钢筋混凝土立柱支模可用山石、塑石代替；

③ 亭廊、阁榭等构筑的立柱、柱础与石体表面连接，不得仅靠自重压接，应在石体承重层表面与柱础、立柱间加入预埋钢筋和不锈钢套锚固。

注：以上资料引用于《江苏省地方标准》DB32/T 4067—2021

3. 假山造景工程基本规定

3.1 材料

3.1.1 应在保护绿水青山的前提下，有序利用自然山石；

3.1.2 山石选择应多样化，宜就近选择构山料石，合理利用房建和市政工程弃置石块，宜在矿山弃料中挑选尺度、形状和纹理适宜的料石块；

3.1.3 山石构山的料石品种、规格和数量应符合假山设计图要求；

3.1.4 塑石构山使用的钢材、铁件、钢丝网、水泥和沙子应符合国家和江苏省现行的相关标准、规范要求。

3.2 设计

3.2.1 假山设计是一种特殊的园林专业类型，假山设计师应具有一定的实践操作经验，或了解和熟悉假山施工过程；

3.2.2 假山布局与造型应遵循上位规划设计；

3.2.3 假山设计应满足山体自身荷载、雪荷载和游人活荷载以及抗震、抗风的强度；

3.2.4 假山方案应充分利用现有地貌、建（构）筑物及植被；

3.2.5 假山施工图应清晰表述峰、壁等不同假山单元的形态组合、分面节理及收结石组的构图形态；

3.2.6 假山设计应与施工紧密配合，现场推敲验证假山造型、尺度及比例，力求准确体现设计意图。

3.3 施工

3.3.1 假山施工单位主要管理人员和作业人员应有从事假山施工经验，了解自然山体峰、壁形态特点，熟悉山石构形、塑石组合技法；

3.3.2 中、大型假山项目，宜根据施工图纸制作模型，经相关单位及专家认可后施工；

3.3.3 叠石、塑石和置石以及土石假山施工，应依据设计控制山形制高点、山体分布体量、山脉延展长度，构体组面应参照山形和山势，材料选择应与假山类别匹配，操作过程应随机组合与动态调整相结合；

3.3.4 在建筑物顶部建造假山时，必须满足荷载要求；

3.3.5 假山工程植物栽植应凸显山形、遮障石体瑕疵，植物品种选择及具体形态应适合栽植点位的环境条件。

3.4 验收

3.4.1 假山造景工程质量控制等相关资料编制和汇总，应符合设计文件和现行相关标准、规范标准要求；

3.4.2 假山造景工程的料石，实施定点放线、基础、山体加构环节，应列为质量控制的重点内容；

3.4.3 假山造景工程应按照江苏省《园林绿化工程施工及验收规范》(DGJ32/TJ201) 要求办理竣工验收手续。

3.5 维护

3.5.1 工程竣工验收后，应及时办理移交手续，并将相关竣工验收资料移交养管维护单位；

3.5.2 养管维护单位应根据相关标准规范要求并结合工程实际制定维护方案；

3.5.3 山体主要观赏面、植物形态、硬软地基交接处，应定点定期进行观察。

注：以上资料引用于《江苏省地方标准》DB32/T 4067-2021

4. 假山叠石取材规范

4.1 材料单

4.1.1 假山造景工程所选用的材料应根据设计图纸形成材料单，材料单应包括购料单、供料码单和结算材料单，选用材料的质量应符合材料单要求。

4.1.2 购料单应列表说明石块和其他材料的种类、颜色、形状、纹理、尺寸、重量和大小级配。

4.1.3 供料码单除材料数量不同外，形式与内容应与购料单相同。

4.1.4 结算材料单应符合下列规定：

① 结算材料单说明的供料质量，应达到购料单上标明的质量；

② 结算材料单标注的材料数量，应与供料码单累计的总数一致；

③ 结算材料单应有项目监理或建设单位对材料质量和数量的审核意见。

4.2 山石料

4.2.1 山石料挑选应符合下列规定：

① 应依据设计假山的竖向高度、延展长度和进深尺寸，估算形态体量，确定料石的总吨位数量以及大、中、小料石块的级配比例；

② 应依据山体架构、节理和组石拼合形式，确定料石块的体面形态、纹理、重量和长度尺寸范围；选用的山石料应质地一致、色泽相近、纹理统一、坚实耐压，表面无损伤裂缝和剥落现象；

③ 料石块颜色宜老旧，表面纹理明晰、凹凸皱褶小面多、大面棱 4 个以上。

4.2.2 湖石料可分为粗石统货、花片统货和点石 3 种形态，选料时应符合下列规定：

① 粗石统货料石体块应有 4 个以上棱面，表面有凹凸、皱褶，纹理清晰；

② 花片统货表面应有孔洞；

③ 点石的料石块可以单独放置，多面观赏。

4.3 塑石料

4.3.1 塑石假山基础埋件与竖立的框架采用的型材与钢筋等材料质量应符合下列规定：

① 钢材品种、规格、性能应符合设计图纸及国家和江苏省现行的相关标准、规范要求；

② 环氧树脂质量应符合国家和江苏省现行的相关标准、规范要求；

③ 现场初步放线后，对构架底线增减部分以及山洞、检修通道等部位，应结合现场实际核算构架材料数量，调整料单。

4.3.2 蒙网塑面钢丝网质量应符合下列规定：

① 镀锌钢丝网品种、孔径、丝径应符合设计图纸要求，质量应符合国家和江苏省现行的相关标准、规范要求，钢丝网经纬线应垂直，网面外观平整、色泽一致；

② 镀锌钢丝网不应有双丝与拎扣，样品应做浸湿实验，浸湿 2 天后材料表面 1 周内不应有锈迹；

③ 镀锌钢丝网焊点抗拉力和镀锌层重量应符合设计及国家和江苏省现行的相关标准、规范要求。

4.3.3 蒙网塑面灰浆质量应符合下列规定：

① 选用的水泥、砂料、颜料应符合设计及国家和江苏省现行的相关标准、规范要求；

② 抹底灰浆的配比应为水泥、中粗砂 1：1 拌和，掺入水泥重量 1%～3% 的麻丝及 107 胶或聚合物胶，冬季施工按水泥重量的 3%～5% 掺入防冻剂，掺入麻丝长度为 1.5～2.0 cm；

③ 塑纹灰浆的配比应为白水泥、有色矿石粉 1：1 拌和，掺入氧化物颜料，有色矿石粉的粒径小于 0.5 mm，氧化物颜料添加用量应制作色板现场确定。

4.3.4 上色颜料质量应符合下列规定：

① 喷涂、油漆等上色材料品种、规格、型号等应符合设计及国家和江苏省现行的相关标准、规范要求；

② 氧化物颜料应杂质少、分散性能优异，对阳光、大气稳定，耐酸、耐碱；

③ 聚丙烯颜料应与石材色相、明度、彩度相协调。

4.4 置石料

4.4.1 置石料种类、形状、尺寸及数量选择应符合设计要求。

4.4.2 置石料质量应符合下列规定：

① 山石无风化和破损面，加工石板应减少竖向切割，表面宜有凹凸纹理，选用材料纹理统一；

② 玻璃、钢板作仿石块料，应对棱角进行处理和表面纹理进行加工；

③ 结算材料单应有项目监理或建设单位对材料质量和数量的审核意见；

④ 干湿交替环境不应使用易锈蚀、降解的材料。

注：以上资料引用于《江苏省地方标准》DB32/T 4067-2021

5. 石景工程施工规范

5.1 一般规定

5.1.1 石景工程的实施应有相关图纸，在重要位置堆砌的石景以及占地超过 100 m^2、高度超过 3 m 的石景宜制作 1∶25 或 1∶50 的模型，经建设单位及有关专家评审认可后方可进行施工。

5.1.2 石景工程现场放样应按设计要求，根据现场条件计量精石数量、通石与填石吨位。

5.1.3 石景工程石料选择应石种统一，石材质地一致，色泽、纹理相近，坚实耐压，无裂缝、损伤、剥落和风化现象，峰石应形态美观、具有观赏价值，不得使用风化石块做基石。

5.1.4 石景工程的基础及主体构造应符合设计和安全要求，满足抗震、抗风、雨雪荷载强度要求，承重受力用石必须有足够强度。

5.1.5 临路侧的山石、山洞洞顶和洞壁的岩面应圆润，不得带锐角。

5.2 基础

5.2.1 单块高度大于 120 cm 的山石基础与地坪、墙基连接处应用混凝土窝脚，亦可采用整形基座或坐落在自然的山石面上。

5.2.2 叠石、假山地基基础承载力应大于山石总荷载的 1.5 倍；灰土基础应低于地平面 20 cm，且其面积应大于假山底面积，外沿宽出 50 cm。

5.2.3 叠石、假山设在陆地上，应选用强度等级 C20 以上混凝土制作基础。叠石、假山设在水中，应选用强度等级 C25 混凝土或强度等级不低于 M7.5 的水泥砂浆砌石块制作基础。不同地势、地质有特殊要求的，可做特殊处理。

5.3 置石

5.3.1 置石工程应符合下列规定：放置在分车带、车行道弯道的置石不得影响行车视距。丘垄和坡面处置石，宜缓解局部地表径流微地形处置石，宜衬托地面起伏层次。

5.3.2 特置独立山石应符合下列要求：应选择体量较大、色彩纹理奇特、造型轮廓特征明显的山石。石高与观赏距离应保持在 1：2～1：3 倍之间。

5.3.3 散置山石多点放置，宜主次分明、彼此呼应、远近结合、疏密有致，不应众石纷杂、凌乱无章。

5.3.4 开阔场地置石宜将石块分组散置，石块点位间距宜呈节奏型变化或单方向、多方向延展，山石的大小、间距、高低应错落有致。

5.4 摆放连接

5.4.1 石块摆放应按照拴、吊、落、固 4 个步骤操作，并符合下列规定：

① 经现场安全检查后，选择适当部位拴置绳索，使石块落地后呈垂直状态。若使用扒杆吊石，吊索应建立在支撑杆三角区域内。

② 吊石时，应缓落、慢抵基面。微调石块姿态时，吊索应保持受力状态。

③ 固定石块时应在不少于 4 个受力点上布置刹石。刹石应选用小石或薄石制作，垫塞、刹死石块与基面之间的间隙，石块稳固后才能撤除拴绳。用 1：2 水泥砂浆填塞石块与刹石孔隙，应注意不使刹石显露。

5.4.2 石块连接堆叠应按拼、填、勾、补 4 个步骤实施，并应符合下列规定：

① 石块之间的连接应根据设计与石料斗缝凑面、咬合成组；每层石组 30～80 cm 高为宜，围合单层后再叠加层间交接处，应避免下层石露纰口、上层石纹理被遮挡。

② 石组、围合层的空缺部分用大石填塞、小石嵌实；层面间的三角隙、边缘闪口应选择小石料凑补，用 1：2 水泥砂浆内灌外抹隙缝，完成后拼缝不应大于 2 cm 宽，抹浆面应低于隙缝处石面 3～3.5 cm，灌浆 8 h 后方可继续垒石、加层。

③ 叠石石面定型后，块面间及轮廓边缘的角状闪口应根据叠石的层次和纹理使用 1：2 水泥砂浆凑补填抹缝隙，平隙缝口应连接自然，凹缝宜内凹 1.5～2 cm；砂浆可掺入所用石料的石粉，完工后缝隙色泽接近石本色。

④ 验收前，应清渣、补勾开裂及遗漏裂缝。

5.5 叠石假山

5.5.1 叠石假山底层施工应符合下列规定：

① 应参照本规范第 7.2.2 条和第 7.2.3 条的要求检查假山基础。假山体内设有结构框架，或依地势构筑承重挡墙，或与水池连接，或与其他构筑物结合，或地质有特殊要求的，基础应按设计处理。主体内供水管线应敷设在基础内，接头外露驳岸石景基础顶标高应低于最低水位标高 30 cm。

② 底层放样，首先应根据设计平面在基础表面上放出底层边缘线，确认假山各竖面的基层位置，标明洞穴、登道出入口及主次峰位置，然后根据假山周围环境，依据假山矶台、壁岫、峰峦的虚实进退及山体脉势在不同方向上的观赏视线调整平面布局。

③ 依据样线，以石组的围合延展，拉出假山基底层。拉底时，应考虑绿植坡、槽、穴等因素对布局的限定，核验登道及洞穴入口标高，防止积水。

④ 围合层内应填石灌浆，峰壁内管线应竖立；内衬挡墙、框架从基础开始上接。

5.5.2 叠石假山中层施工应符合下列规定：

① 应根据假山外围的观赏视点及内部的游览路线堆叠立峰与卧矶、台壁与洞穴等组合石景单元，组织峰峦沟壑、叠水溪潭等石境，结合植栽、瀑布、景亭等，表现假山高远、深远、平远的不同景观层次。

② 中层石块、石组连接底层，构筑假山整体。堆叠应以大小错落、进退凸凹、悬挑收合等方式组织层次与表面纹理，不应仅以石块错缝叠压连接。中层上端应衬托假山顶层，对主体次峰、配峰等做收结。

③ 峰、壁形式的石景主体内，有支撑结构的石块、石组围合不宜过厚，应采用石块嵌入柱、墙体为主，与柱、墙体脱离部分应有可靠的防渗与排水措施。柱、墙体内应预埋铁件钩托石块，保证稳固。

④ 横向挑出石的出挑长度应小于石长的 0.4 倍；若石块厚度大于 30 cm，石块的后部配重应大于悬挑重量的 2 倍；压脚石应确保牢固，粘结材料应满足强度要求，辅助加固构件（如银锭扣、铁爬钉、铁扁担、各类吊架等）的承载力和数量应保证石景的结构安全及景观要求，铁件表面应做防锈处理。

⑤ 拱、洞穴的平顶盖石厚度应大于 30 cm，两端搭侧壁部分不少于 20 cm；拱顶两侧出挑石组重心应在侧壁重心线内侧；石景洞穴内应有采光，顶、壁不应渗水，底面不得积水。

⑥ 形成跌水石块长度不应小于 150 cm，整块大体量石要稳定、不倾斜。

⑦ 登道的走向应自然，踏步铺设平整、牢固，高度以 14～16 cm 为宜。

5.5.3 叠石假山收顶应符合下列规定：

① 叠石假山峰冠的压石或石组应能聚拢各峰、统领山势、多面观赏。

② 收项应选用体量较大、轮廓和体态特征鲜明的山石。

③ 收项施工应自后向前、由主及次、自上而下分层作业。每层高度宜为 30～80 cm，不得在凝固期间强行施工，以免影响胶结料强度。

④ 带有瀑布的山峰应避免沙发或太师椅式收顶，两侧挡水石必须结合山石势态变化，不应有对置痕迹。

⑤ 顶部管线、水路、孔洞应预埋、预留，事后不得凿穿。

5.5.4 矶岸叠石施工应符合下列规定：

① 施工前，应检查施工区域水池是否渗水，若有渗漏情况，应补漏后方可施工。

② 石块放置的位置、衬贴的岸壁应符合园林理水工程中的相关规定，石块组合应符合本章石块摆放连接的相关规定。

③ 包壁岸石应从最低水底以下 30 cm 起叠，临水矶石应置侧立石扶手。

④ 汀步石安置应稳固且表面平整。当设计无要求时，汀步石外侧边距不应大于 30 cm，高差不宜大于 5 cm。

⑤ 石潭、石塘和石湾宜做生态池底。

5.6 石景搭配

5.6.1 栽植前，应检查各点位土壤厚度、性质、排水、光照、管线、相接道路和场地功能状况；种植土面与围合石组交线应低于石顶面 4~8 cm；应根据石体竣工图与现状，完善配植图和购苗单。

5.6.2 石景底部各层栽植点位应与土层连接，否则底层栽植点位应设滤水盲沟。

5.6.3 石景区域内边界场地植栽宜以常绿植被为主。各点位植栽与石面、石组、石块搭配，应掩盖点位表土、遮挡石体瑕疵；宜选择疏枝细叶、曲枝扭杆和基杆丛生、花繁叶茂的山间自然植被；植栽位置应偏侧、掩后，避免过多遮挡石体正面与前口；避免只用扶正、直栽方式。

5.6.4 置石配绿宜以绿色界面衬托石块形态、色质、疏密与高低层次。特置、对置石衬绿，应结合立意与环境确定不同简洁形式；散置衬绿，应以绿质底界面和周边竖向绿面显现众石块分布状态；群置衬绿，应通过边界植被、节点间植栽彰显各散置节点间的延展态势与疏密节律。

5.6.5 叠石配植应结合石景立意、类型和体量，现场确定植栽姿态；栽植应衬托出石景形态、显露石体分组构面主要脉、纹。叠石植坡、槽、坛、穴与隙窝栽植，应综合运用乔木、花木、盆栽、藤蔓和地被种类，结合花期、枝叶色、质以及种植方式，形成季相分明的石景氛围。

5.6.6 假山配植除符合置石、叠石衬绿要求外，还应把植被作为组成假山的各叠石分景段落间和水石界面间衔接和填充的介质；从整体虚实分布绿量，根据游览线路组织绿态，以各视觉交叉点植栽构建绿脉，衬托高远、深远层次，营造自然山间意象。

注：以上资料引用于《江苏省工程建设标准》DGJ32/TJ 201-2016

6. 假山维护基本规范

6.1 维护方案

6.1.1 养管单位应根据假山现场环境和竣工资料制定维护方案。

6.1.2 维护方案应提出改善现状、动态维护和提升假山景观效果的具体措施。

6.1.3 维护方案应符合下列规定：

① 预防和减缓假山风化的具体措施；

② 植被的定期养护，阻止枝干对假山形态遮障和根系对假山实体侵扰的具体措施；

③ 水电设备定期检查维护的方法；

④ 保持假山观感品质。

6.2 维护措施

6.2.1 假山石体维护应符合下列规定：

① 山体主要观赏面应设置观察点，定期巡查、记录石面风化情形和植被对山体的影响，发现安全隐患和质量瑕疵时应及时排除；

② 山石假山石体表面、石块间连接缝出现开裂，应设置安全警示牌和警示标识，并及时去除缝隙间原有砂浆，清理粘接面后重新勾缝；

③ 塑石假山面层开裂应及时修补裂纹，塑石褪色面，应调制色浆，试用涂、抹、擦、揉、甩、淋等方法，局部做着色实验，可行后全面着色；

④ 土石假山泥土与料石结合处应定期检查，发现泥土流失痕迹，应采取措施调整互相融合形态；

⑤ 假山水管和水道周围的石面和土层应定期检查，发现淤湿点位，分析原因，及时修补渗漏；

⑥ 山石或塑石体表面灰尘污垢应定期清理。

6.2.2 植被养护应符合下列规定：

① 假山植物应定期整形修剪，控制形态变化，与山体搭配尺度适宜；

② 生长不良植物应补充种植土或施肥，及时复壮弱株，发现枯死植株后应及时清理；

③ 植物浇水应根据生态习性、季节和天气情况确定；

④ 植物病虫害防治应根据季节、天气，采用生物防治方法和生物农药及高效低毒农药，严禁使用剧毒农药。

6.2.3 设施维护应符合下列规定：

① 电表、灯具、电缆应定期检查，保证电气照明设施安全、正常运转；

② 机房控制箱、水下泵井、水景设施和水循环系统应定期检查、清理，保持水质清洁，冬季给排水设施应采取防冻措施，夏季高温期间机房应保持通风降温；

③ 池壁、驳岸水位线应定期检查，及时修堵渗漏；人工制作的溪涧沟槽和流床，夏季高温期间应定期检查，保持水质洁净；

④ 地坪应干净无杂物；

⑤ 标志牌、标识牌和图表板应外观洁净、内容清晰，方便老、弱和残者查找与辨认；

⑥ 设施损坏后应及时维修或更换。

注：以上资料引用于《江苏省地方标准》DB32/T 4067-2021

7. 假山施工安全基本规范

7.1 安全措施

7.1.1 料石块起吊、放置安全操作应符合下列规定：

① 料石块起吊应结合山体单元形态、承接点位尺寸，挑选石块形状与大小，并根据石块放置面选定重心，确定料石块拴绳索的位置（料石块起吊拴绳常见方法详见附录 B）；

② 料石块起吊中绳索绕丝出现绷直拉长倾向，必须立即停止操作；

③ 料石块平缓吊落至预定点位后，料石块底面与承受面空隙处用刹石填垫，稳固料石块，期间起吊绳索应一直保持受力状态；

④ 料石块吊落放置稳固后，吊钩略松起吊绳索，用力推料石块，检验其是否垫、刹稳妥；料石块稳固后，抽去压在料石块底面间的起吊绳索，严禁采用吊钩强拉起吊绳索；

⑤ 竖置料石块仅有一面依靠或多面无依靠，应加临时撑杆；竖置料石块安置点位高度如撑杆接触不到，应采用细铅丝索与周围已固牢大块石组拉接，细铅丝索宜采用直径 0.35 cm 的 10 号细铅丝双根或多根缠绕组成；

⑥ 撑杆应选用坚硬牢固直径为 6～8 cm 的杉木、5 cm×5 cm 的长木方或脚手架管，一端撑抵石面，另一端抵地面或基面。

7.1.2 起吊设备安全操作应符合下列规定：

① 起吊作业前，应先探明作业区内地上和地下管线位置，实施避让或保护措施后，起吊设备再进入作业区；

② 起吊作业时，应预先进行试吊，确认安全后再正式开始起吊作业；

③ 起吊作业期间，应有专人指挥起吊设备，货物起吊和放置点之间应通视；

④ 起吊设备作业半径内严禁站人，并设置安全隔离措施，起吊作业过程中安全员应先在现场进行监督巡查，及时消除安全隐患。

7.1.3 高度大于 200cm 的塑石假山，应配置登高操作台和脚手架，操作台、脚手架搭设完成并经监理单位相关人员验收合格后方可使用。

7.1.4 施工现场须搭设脚手架的，施工单位应编制专项施工方案，经监理审核通过后按相关标准规范要求进行搭设。搭设人员须持证上岗，搭设完成并经相关人员验收合格后方可使用。

7.1.5 施工现场安全生产、文明施工和污染防治等工作，应符合国家和江苏省及各地市现行的相关法律法规、规章、管理规定和标准、规范要求。

注：以上资料引用于《江苏省地方标准》DB32/T 4067-2021

后记

在《南京园林》2022 年 6 月的期刊中，我写了“缅怀南京园林人杨舜”一文，今天又受杞林园林的曹斌董事长之邀为《景观中的假山设计及施工经典案例——杨舜假山创作精品图集》写序。每每动笔忆同学，想往事都使我感慨万分。看着该书的样本，杨舜的音容就浮现在我眼前，书中的总统府、玄武湖、狮子山等大多数作品我都承担了总体设计。在项目建设中我是最愿意与杨舜配合完成，一方面他尊重设计，另一方面他完善、充实设计，可以说我们合作的项目个个都能拿得出手，是精品工程。

做园林工程的人都知道，叠石掇山不仅是园林工程中的重体力活，而且强调技艺与审美。杨舜参与指导叠石掇山，总是身先士卒，选景石，搬抬景石，上上下下、左左右右、多方位推敲。每块景石都是大自然的“天工”，都有“说话”与“相貌”，等你对“石头”有了情感，你就知道去如何欣赏它、组合堆叠它、体现它的美，使之成为园林艺术作品，杨舜就是对“石头”有情感的人。

本书主要从叠石掇山角度反映了杨舜园林造景的一个方面，其实杨舜的园林建设综合能力很强，他常常是走到哪画到哪。记得 1997 年我与杨舜等去日本进行业务学习与交流，杨舜又是画又是丈，日本同行中根讲“杨 Sir 是榜样”。在杨舜仙逝前我就与他商量过以“南京园林学会”的名义整理一本有关金陵叠石技艺的书籍，为技艺传承做些有意义的事情，可惜他离我们走得早了点，也许只能留与后人完成了。

由于身体原因，杨舜不再担任企业领导而进入行业管理方面工作，在此期间他更加注重造园修养，在园林文采、造园技艺、规范标准和科技推广等方面得到进一步提升。他参与指导的项目和主编的相关标准、导则等也得到社会、同行认可，并填补区域空白。我在编写《园林工程资料集》中也多次邀请杨舜作为专家参与咨询、评审等。

相信《景观中的假山设计及施工经典案例——杨舜假山创作精品图集》的出版，能够进一步展现杨舜在叠石掇山方面的深厚造诣，让世人记住杨舜在园林建设上的贡献，也为我们缅怀杨舜、向他学习、欣赏他的作品提供了“场所”。

2022 年 12 月 9 日